当代西方
社会心理学
名著译丛

方文___主编

归因动机论

Social Motivation, Justice, and the Moral Emotions

An Attributional Approach

伯纳德·韦纳___著
(Bernard Weiner)
周玉婷___译　方文___校

中国人民大学出版社
·北京·

开启社会心理学的“文化自觉”

“当代西方社会心理学名著译丛”（第二辑）总序

只有一门社会心理学。它关注人之认知、情感和行为潜能的展现，如何受他人在场（presence of others）的影响。其使命是激励每个活生生的个体去超越约拿情结（Jonah Complex）的羁绊，以缔造其动态、特异而完整的丰腴生命。但他人在场，已脱离奥尔波特（Gordon. W. Allport）原初的实际在场（actual presence）、想象在场（imagined presence）和隐含在场（implied presence）的微观含义，叠合虚拟在场（virtual presence）这种新模态，从共时-历时和宏观-微观两个维度得到重构，以涵括长青的研究实践和不断拓展的学科符号边界（方文，2008a）。社会心理学绝不是哪个学科的附属学科，它只是以从容开放的胸怀，持续融会心理学、社会学、人类学、进化生物学和认知神经科学的智慧，逐渐建构和重构自主独立的学科认同和概念框架，俨然成为人文社会科学的一门基础学问。

在不断建构和重构的学科历史话语体系中，社会心理学有不同版本的诞生神话（myth of birth），如1897年特里普里特（Norman Triplett）有关社会促进/社会助长（social facilitation）的实验研究、1908年两本偶然以社会心理学为题的教科书，或1924年奥尔波特（Floyd H. Allport）的权威教材。这些诞生神话，蕴含可被解构的意识形态偏好和书写策略。援引学科制度视角（方文，2001），这门新生的社会/行为科学的学科合法性和学科认同，在20世纪30年代中期于北美得以完成。而北美社会心理学，在第二次世界大战期间及战后年代声望日盛，成就其独断的符号霸权。当代社会心理学的学科图景和演进画卷，舒展在此脉络中。

一、1967 年：透视当代社会心理学的时间线索

黑格尔说，一切哲学也就是哲学史。哲人道破学科史研究的秘密：滋养学术品位。但在社会科学/行为科学的谱系中，学科史研究一直地位尴尬，远不及人文学科。研究学科史的学者，或者被污名化——自身没有原创力，只能去总结梳理他人的英雄故事；或者被认为是学问大家研究之余的闲暇游戏，如对自身成长过程的记录。而在大学的课程设计中，学科史也只是附属课程，大多数被简化为具体课程中的枝节，在导论里一笔带过。

学科史研究对学术品位的滋养，从几方面展开。第一，它在无情的时间之流中确立学科演化路标：学科的英雄谱系和经典谱系。面对纷繁杂乱的研究时尚或招摇撞骗的学界名流，它是最简洁而高效的解毒剂。第二，它作为学科集体记忆档案，是学科认同建构的基本资源。当学子们领悟到自身正置身于那些非凡而勤奋的天才所献身的理智事业时，自豪和承诺油然而生。而学科脉络中后继的天才，就从中破茧而出。第三，它也是高效的学习捷径。尽管可向失败和愚昧学习，但成本过高；而向天才及其经典学习，是最佳的学习策略。第四，它还可能为抽象的天才形象注入温暖的感性内容。而这感性，正是后继者求知的信心和努力的动力。

已有四种常规线索、视角或策略，被用来观照当代社会心理学的演化：学科编年史，或者学科通史是第一种也是最为常用的策略；学派的更替是第二种策略；不同年代研究主题的变换是第三种策略；而不同年代权威教科书的内容变迁，则是第四种策略。

还有一些新颖的策略正在被尝试。支撑学科理智大厦的核心概念或范畴在不同时期杰出学者视域中的意义演化，即概念史或范畴史，是一种新颖独特但极富难度的视角；而学科制度视角，则以学科发展的制度建设为核心，也被构造出来（方文，2001）。这些视角或策略为洞悉学科的理智进展提供了丰厚洞识。

而历史学者黄仁宇先生则以核心事件和核心人物的活动为主线，贡献

了其大历史的观念。黄先生通过聚焦“无关紧要的一年”（A Year of No Significance）——1587年或万历十五年（黄仁宇，2007），条分缕析，洞悉当时最强大的大明帝国若干年后崩溃的所有线索。这些线索，在这一年六位人物的活动事件中都可以找到踪迹。

剥离其悲哀意味，类似地，当代社会心理学的命运，也可标定一个“无关紧要的一年”：1967年。它与两个基本事件和三个英雄人物关联在一起。

首先是两个基本事件。第一是1967年前后“社会心理学危机话语”的兴起，第二是1967年前后所开始的欧洲社会心理学的理智复兴。危机话语的兴起及其应对，终结了方法学的实验霸权，方法多元和方法宽容逐渐成为共识。而欧洲社会心理学的理智复兴，则终结了北美主流“非社会的”社会心理学（asocial social psychology），“社会关怀”成为标尺。而这两个事件之间亦相互纠缠，共同形塑了其当代理论形貌和概念框架（Moscovici & Marková，2006）。

还有三个英雄人物。主流社会心理学的象征符码，“社会心理学的教皇”（pope of social psychology）费斯廷格（Leon Festinger，1919—1989），在1967年开始对社会心理学萌生厌倦之心，正准备离开斯坦福大学和社会心理学。一年后，费斯廷格终于成行，从斯坦福大学来到纽约的新社会研究学院（New School for Social Research），主持有关运动视觉的项目。费斯廷格对社会心理学的离弃，是北美独断的符号霸权终结的先兆。

而在同一年，主流社会心理学界还不熟悉的泰弗尔（Henri Tajfel，1919—1982），这位和费斯廷格同年出生的天才，从牛津大学来到布里斯托大学。他从牛津大学的讲师被聘为布里斯托大学社会心理学讲席教授。

而在巴黎，和泰弗尔同样默默无闻的另一位天才莫斯科维奇（Serge Moscovici，1925—2014）正在孕育少数人影响（minority influence）和社会表征（social representation）的思想和研究。

从1967年开始，泰弗尔团队和莫斯科维奇团队，作为欧洲社会心理学理智复兴的创新引擎，在“社会关怀”的旗帜下，开始一系列独创性的研究。社会心理学的当代历史编纂家，会铭记这一历史时刻。当代社会心理学的世界图景从那时开始慢慢重构，北美社会心理学独断的符号霸权开始慢慢解体，而我们置身于其中的学科成就，在新的水准上也得以孕育和完善。

二、统一的学科概念框架的建构：解释水平

教科书的结构，是学科概念框架的原型表征。在研究基础上获得广泛共识的学科结构、方法体系和经典案例，作为学科内核，构成教科书的主体内容。教科书，作为学科发展成熟程度的重要指标，是学科知识传承、学术社会化和学科认同建构的基本资源和主要媒介。特定学科的学子和潜在研究者，首先通过教科书而获得有关学科的直观感受和基础知识。而不同年代权威教科书的内容变迁，实质上负载特定学科理智演化的基本线索。

在杂多的教科书当中，有几条标准可帮助辨析和鉴别其优劣。第一，教科书的编/作者是不是第一流的研究者。随着学科的成熟，中国学界以往盛行的“教材学者”已经淡出；而使他们获得声望的所编教材，也逐渐丧失价值。第二，教科书的编/作者是否秉承理论关怀。没有深厚的理论关怀，即使是第一流的研究者，也只会专注于自己所感兴趣的狭隘领域，没有能力公正而完备地展现和评论学科发展的整体面貌。第三，教科书的编/作者是否有“文化自觉”的心态。如果负荷文化中心主义的傲慢，编/作者就无法均衡、公正地选择研究资料，而呈现出对自身文化共同体的“单纯暴露效应”（mere exposure effect），缺失文化多样性的感悟。

直至今日，打开绝大多数中英文社会心理学教科书的目录，只见不同研究主题杂乱无章地并置，而无法明了其逻辑连贯的理智秩序。学生和教师大多无法领悟不同主题之间的逻辑关联，也无法把所学所教内容图式化，使之成为自身特异的知识体系中可随时启动的知识组块和创造资源。这种混乱，是对社会心理学学科身份的误识，也是对学科概念框架的漠视。

如何统合纷繁杂乱但生机活泼的研究实践、理论模式和多元的方法偏好，使之归于逻辑统一而连贯的学科概念框架？有深刻理论关怀的社会心理学大家，都曾致力于这些难题。荣誉最终归于比利时出生的瑞士学者杜瓦斯（Willem Doise）。

在杜瓦斯之前，美国社会心理学者，2007 年库利-米德奖（Cooley-Mead Award）得主豪斯也曾试图描绘社会心理学的整体形貌（House，1977）。豪斯所勾画的社会心理学是三头怪物：社会学的社会心理学（sociological social psychology，SSP）、实验社会心理学（experimental social psychology，ESP）和语境社会心理学或社会结构和人格研究（contextual social psychology，CSP；social structure and personality）。曾经被误解为两头怪物的社会心理学，因为豪斯更加让人厌烦和畏惧。

但如果承认行动者的能动性，即使是在既定的社会历史语境中的能动性，在行动中对社会过程和社会实在进行情景界定和社会建构的社会心理过程的首要性，就会凸显出来。换言之，社会心理过程在主观建构的意义上对应于社会过程。

杜瓦斯在《社会心理学的解释水平》这部名著中，以解释水平为核心，成功重构了社会心理学统一的学科概念框架。杜瓦斯细致而合理地概括了社会心理学解释的四种理想型或水平，而每种解释水平分别对应于不同的社会心理过程，生发相应的研究主题（Doise，1986：10－17）。

水平 1——个体内水平（intra-personal or intra-individual level）。它是最为微观也最为心理学化的解释水平。个体内分析水平，主要关注个体在社会情境中组织其社会认知、社会情感和社会经验的机制，并不直接处理个体和社会环境之间的互动。

以个体内解释水平为核心的**个体内过程**，可涵括的基本研究主题有：具身性（embodiment）、自我、社会知觉和归因、社会认知和文化认知、社会情感、社会态度等。

在这一解释水平上，社会心理学者已经构造出一些典范的理论模型，如：费斯廷格的认知失调论；态度形成和改变的双过程模型，如精致化可能性模型（elaboration likelihood model，ELM）与启发式加工-系统加工模型（heuristic-systematic model，HSM）；希金斯（Higgins，1996）的知识启动和激活模型。

水平 2——人际和情景水平（interpersonal and situational level）。它主要关注在给定的情景中所发生的人际过程，而并不考虑在此特定的情景之外个体所占据的不同的社会位置（social positions）。

以人际水平为核心的**人际过程**，可涵括的基本研究主题有：亲社会行为、攻击行为、亲和与亲密关系、竞争与合作等。其典范理论模型是费斯廷格的社会比较论。

水平 3——社会位置水平（social positional level）或群体内水平。它关注社会行动者在社会位置中的跨情景差异（inter-situational differences），如社会互动中的参与者特定的群体资格或范畴资格（different group or categorical membership）。

以群体水平为核心的**群体过程**，可涵括的基本研究主题有：大众心理、群体形成、多数人的影响和少数人的影响、权威服从、群体绩效、领导-部属关系等。其典范理论模型是莫斯科维奇有关少数人影响的众从模型（conversion theory）、多数人和少数人影响的双过程模型和社会表征论（Moscovici，2000）。

水平 4——意识形态水平（ideological level）或群际水平。它是最为宏观也是最为社会学化的解释水平。它在实验或其他研究情景中，关注或考虑研究参与者所携带的信念、表征、评价和规范系统。

以群际水平为核心的**群际过程**，可涵括的基本研究主题有：群际认知，如刻板印象；群际情感，如偏见；群际行为，如歧视及其应对，还有污名。

在过去的40 年中，群际水平的研究已有突破性的进展。主宰性的理论范式由泰弗尔的社会认同论所启动，并深化到文化认同的文化动态建构论（dynamic constructivism）（Chiu & Hong，2006；Hong et al.，2000；Wyer et al. Eds.，2009）和“偏差”地图模型（BIAS map）（Cuddy et al.，2007；Fiske et al.，2002）之中。

社会理论大家布迪厄曾经讥讽某些社会学者的社会巫术或社会炼金术，认为他们把自身的理论图式等同于社会实在本身。英雄所见！杜瓦斯尤其强调的是，社会实在在任何时空场景下都是整体呈现的，而不依从于解释水平。社会心理学的四种解释水平只是逻辑工具，绝不是社会实在的四种不同水平；而每种解释水平，都有其存在的合理性，但都只涉及对整体社会实在的某种面向的研究；对于社会实在的整体把握和解释，有赖于四种不同的解释水平的联合（articulation；Doise，1986）。

这四种不同面向和不同层次的社会心理过程，从最为微观也最为心理学化的个体内过程，到最为宏观也最为社会学化的群际过程，是对整体的社会过程不同面向和不同层次的相应表征。

以基本社会心理过程为内核，就可以勾画社会心理学逻辑连贯的概念框架，它由五部分所组成：

（1）社会心理学的历史演化、世界图景和符号霸权分层。

（2）社会心理学的方法体系。

（3）不断凸现的新路径。它为生机勃勃的学科符号边界的拓展预留空间。

（4）基本社会心理过程。

（5）社会心理学在行动中：应用实践的拓展。

社会心理学的基础研究，从第二次世界大战开始，就从两个方面向应用领域拓展。第一，在学科内部，应用社会心理学作为现实问题定向的研究分支，正逐渐地把基础研究的成果用来直面和应对更为宏大的社会问题，如健康、法律、政治、环境、宗教和组织行为。第二，社会心理学有关人性、心理和行为的研究，正对其他学科产生深刻影响。行为经济学家塞勒（Richard H. Thaler，又译为泰勒）因有关心理账户和禀赋效应的研究而获得2017年诺贝尔经济学奖。这是社会心理学家在近50年中第四次获此殊荣［这里没有算上认知神经科学家奥基夫（John O'Keefe）和莫泽夫妇（Edvard I. Moser和May-Britt Moser）因有关大脑的空间定位系统的研究而获得的2014年诺贝尔医学或生理学奖］。在此之前，社会心理学家洛伦茨（Konrad Lorenz）、廷伯根（Nikolaas Tinbergen）和冯·弗里希（Karl von Frisch）因有关动物社会行为的开创性研究而于1973年分享诺贝尔医学或生理学奖。西蒙（Herbert A. Simon；中文名为司马贺，以向司马迁致敬）因有关有限理性（bounded rationality）和次优决策或满意决策（sub-optimum decision-making or satisficing）的研究而获得1978年诺贝尔经济学奖。而卡尼曼（Daniel Kahneman）则因有关行动者在不确定境况中的判断启发式及其偏差的研究，而与另一位学者分享2002年诺贝尔经济学奖。

在诺贝尔奖项中，并没有社会心理学奖。值得强调的是，这些荣膺大奖的社会心理学家，也许只是十年一遇的杰出学者，还不是百年一遇的天才。天才社会心理学家如费斯廷格、泰弗尔、莫斯科维奇和特里弗斯（Robert Trivers）等，他们的理论，在不断地触摸人类物种智慧、情感和欲望的限度。在这个意义上，也许任何大奖包括诺贝尔奖，都无法度量他们持久的贡献。但无论如何，不断获奖的事实，从一个侧面明证了社会心理学家群体的卓越成就，以及社会心理学的卓越研究对于其他人文社会科学研究的典范意义。

杜瓦斯的阐释，是对社会心理学统一概念框架的典范说明。纷繁杂乱的研究实践和理论模式，从此可以被纳入逻辑统一而连贯的体系之中。社会心理学直面社会现实的理论雄心由此得以释放，它不再是心理学、社会学或其他什么学科的亚学科，而是融会相关理智资源的自主学科。

三、当代社会心理学的主宰范式

已有社会心理学大家系统梳理了当代社会心理学的理智进展（如乐国安主编，2009；周晓虹，1993；Burke Ed.，2006；Kruglanski & Higgins Eds.，2007；Van Lange et al. Eds.，2012）。以杜瓦斯所勾画的社会心理学的概念框架为心智地图，也可尝试粗略概括当代社会心理学的主宰范式。这些主宰范式主要体现在方法创新和理论构造上，而不关涉具体的学科史研究、实证研究和应用研究。

（一）方法学领域：社会建构论和话语社会心理学的兴起

作为学科内外因素剧烈互动的结果，“社会心理学危机话语”在20世纪60年代末期开始登场，到20世纪80年代初尘埃落定（方文，1997）。在这段时间，社会心理学教科书、期刊和论坛中充斥着种种悲观的危机论，有的甚至非常激进——“解构社会心理学”（Parker & Shotter Eds.，1990）。“危机话语”实质上反映了社会心理学家群体自我批判意识的兴起。这种自我批判意识的核心主题，就是彻底审查社会心理学赖以发展的方法学基础即实验程序。

危机之后，社会心理学已经迈入方法多元和方法宽容的时代。实验的独断主宰地位已经消解，方法体系中的所有资源，正日益受到均衡的重视。不同理智传统和方法偏好的社会心理学者，通过理智接触，正在消解相互的刻板印象、偏见甚至是歧视，逐渐趋于友善对话甚至是合作。同时，新的研究程序和文献评论技术被构造出来，并逐渐产生重要影响。

其中主宰性的理论视角就是社会建构论（如 Gergen，2001），主宰性的研究路径就是话语社会心理学（波特，韦斯雷尔，2006；Potter & Wetherell，1987；Van Dijk，1993）和修辞学（rhetoric；Billig，1996），而新的研究技术则是元分析（mata-analysis；Rosenthal & DiMatteo，2001）。近期，行动者中心的计算机模拟（agent-based simulation；Macy & Willer，2002）和以大数据处理为基础的计算社会科学（computer social science）（罗玮，罗教讲，2015；Macy & Willer，2002）也开始渗透进社会心理学的研究中。

（二）不断凸显的新路径：进化路径、文化路径和社会认知神经科学

社会心理学一直不断地自我超越，以开放自在的心态融合其他学科的资源，持续拓展学科符号边界。换言之，社会心理学家群体不断地实践新的研究路径（approaches or orientations）。进化路径、文化路径和社会认知神经科学是其中的典范路径。

进化路径和文化路径的导入，关联于受到持续困扰的基本理论论争：是否存在统一而普遍的规律和机制以支配人类物种的社会心理和社会行为？人类物种的社会心理和社会行为是否因其发生的社会文化语境的差异而呈现出特异性和多样性？这个基本理论论争，又可称为普遍论-特异论（universalism vs. particularism）之论争。

依据回答这个论争的不同立场和态度的差异，作为整体的社会心理学家群体可被纳入三个不同的类别或范畴之中。第一个类别是以实验研究为定向的主流社会心理学家群体。他们基本的立场和态度是漠视这个问题的存在价值，或视之为假问题。他们自我期许以发现普遍规律为已任，并把这一崇高天职视为社会心理学的学科合法性和学科认同的安身立命之所。

因为他们持续不懈的努力，社会心理学的学子们在其学科社会化过程中，不断地遭遇和亲近跨时空的典范研究和英雄系谱。

第二个类别是以文化比较研究为定向的社会心理学家群体。不同文化语境中社会心理和社会行为的特异性和多样性，使他们刻骨铭心。他们坚定地主张特异论的一极，并决绝地质疑普遍论的诉求。因为他们同样持续不懈的努力，社会心理和社会行为的文化嵌入性（cultural embeddedness）的概念开始深入人心，并且不断激发文化比较研究和本土化研究的热潮。奇妙的是，文化社会心理学的特异性路径，从新世纪开始逐渐解体，而迈向文化动态建构论（Chiu & Hong，2006；Hong et al.，2000）和文化混搭研究（cultural mixing/polyculturalism）（赵志裕，吴莹特约主编，2015；吴莹，赵志裕特约主编，2017；Morris et al.，2015）。

文化动态建构论路径，关涉每个个体的文化命运，如文化认知和知识激活、文化认同和文化融合等重大主题。我们每个个体宿命地诞生在某种在地的文化脉络而不是某种文化实体中。经过生命历程的试错，在文化认知的基础上，我们开心眼，滋心灵，育德行。但文化认知的能力，是人类物种的禀赋，具有普世性。假借地方性的文化资源，我们成长为人，并不断地修补和提升认知力。我们首先成人，然后才是中国人或外国人、黄皮肤或黑白皮肤、宗教信徒或非信徒。

倚靠不断修补和提升的认知力，我们逐渐穿越地方性的文化场景，加工异文化的体系，建构生动而动态的“多元文化的心智”（multicultural mind；Hong et al.，2000）。异质的“文化病毒”，或多元的文化“神灵”，“栖居”在我们的心智中，而表现出领域-特异性。几乎没有“诸神之争”，她们在我们的心灵中各就其位。

这些异质的“文化病毒”，或多元的文化“神灵”不是暴君，也做不成暴君，绝对主宰不了我们的行为。因为先于她们，从出生时起，我们就被植入了自由意志的天赋。我们的文化修行，只是手头待命的符号资源或“工具箱”（Swidler，1986）。并且在行动中，我们练习“文化开关”的转换技能和策略，并累积性地创造新工具或新的“文化病毒”（Sperber，1996）。

第三个类别是在当代进化生物学的理智土壤中生长而壮大的群体，即进化社会心理学家群体。他们蔑视特异论者的“喧嚣”，而把建构统一理论的雄心拓展至包括人类物种的整个动物界，以求揭示支配整个动物界的社会心理和社会行为的秩序和机制。以进化历程中的利他难题和性选择难题为核心，以有机体遗传品质的适应性（fitness）为逻辑起点，从1964年汉密尔顿（W. D. Hamilton）开始，不同的宏大理论（grand theories）[如亲属选择论（kin selection/ inclusive fitness）、直接互惠论（direct reciprocal altruism）和间接互惠论（indirect reciprocal altruism）在利他难题上，亲本投资论（theory of parental investment；Trivers，2002）在性选择难题上] 被构造出来。而进化定向的社会心理学者把进化生物学遗传品质的适应性转化为行为和心智的适应性，进化社会心理学作为新路径和新领域得以成就（如巴斯，2011，2015；Buss，2016）。

认知神经科学和社会认知的融合，催生了社会认知神经科学。以神经科学的新技术如功能性磁共振成像技术（fMRI）和正电子发射断层扫描技术（PET）为利器，社会认知的不同阶段、不同任务以及认知缺陷背后的大脑对应活动，正是最热点前沿（如 Eisenberger，2015；Eisenberger et al.，2003；Greene et al.，2001；Ochsner，2007）。

（三）个体内过程：社会认知范式

在个体内水平上，从20世纪80年代以来，以“暖认知”（warm cognition）或“具身认知”（embodied cognition）为核心的“社会认知革命”（李其维，2008；赵蜜，2010；Barsalou，1999；Barbey et al.，2005），有重要进展。其典范的启动程序（priming procedure）为洞悉人类心智的“黑箱”贡献了简洁武器，并且渗透在其他水平和其他主题的研究中，如文化认知、群体认知（Yzerbyt et al. Eds.，2004）和偏差地图（高明华，2010；佐斌等，2006；Fiske et al.，2002；Cuddy et al.，2007）。

卡尼曼有关行动者在不确定境况中的判断启发式及其偏差的研究（卡尼曼等编，2008；Kahneman et al. Eds.，1982），以及塞勒有关禀赋效应和心理账户的研究（泰勒，2013，2016），使社会认知的路径贯注在经济判断和决策领域中。由此，行为经济学开始凸显。

（四）群体过程：社会表征范式

人际过程的研究，充斥着杂多的中小型理论模型，并受个体内过程和群体过程研究的挤压。最有理论综合潜能的可能是以实验博弈论为工具的有关竞争和合作的研究。

当代群体过程研究的革新者是莫斯科维奇。从北美有关群体规范形成、从众以及权威服从的研究传统中，莫斯科维奇洞悉了群体秩序和群体创新的辩证法。莫斯科维奇的团队从1969年开始，在多数人的影响之外，专注少数人影响的机制。他以少数人行为风格的一致性为基础的众从模型（conversion theory），以及在此基础上所不断完善的多数人和少数人影响的双过程模型（如De Deru et al. Eds.，2001；Nemeth，2018），重构了群体过程研究的形貌。莫斯科维奇有关少数人影响的研究经历，佐证了其理论的可信性与有效性（Moscovici，1996）。

而社会表征论（social representation）则是莫斯科维奇对当代社会心理学的另一重大贡献（Moscovici，2000）。他试图超越北美不同版本内隐论（implicit theories）的还原主义和个体主义逻辑，解释和说明常识在社会沟通实践中的生产和再生产过程。社会表征论从20世纪90年代开始，激发了丰富的理论探索和实证研究（如管健，2009；赵蜜，2017；Doise et al.，1993；Liu，2004；Marková，2003），并熔铸在当代社会理论中（梅勒，2009）。

（五）群际过程：社会认同范式及其替代模型

泰弗尔的社会认同论（social identity theory，SIT）革新了当代群际过程的研究。泰弗尔首先奠定了群际过程崭新的知识基础和典范程序：建构主义的群体观、对人际-群际行为差异的精妙辨析，以及“最简群体范式”（minimal group paradigm）的实验程序。从1967年开始，经过十多年持续不懈的艰苦努力，泰弗尔和他的团队构造了以社会范畴化、社会比较、认同建构和认同解构/重构为核心的社会认同论。社会认同论，超越了前泰弗尔时代北美盛行的还原主义和个体主义的微观-利益解释路径，基于行动者的多元群体资格来研究群体过程和群际关系（布朗，2007；Tajfel，1970，1981；Tajfel & Turner，1986）。

在泰弗尔于1982年辞世之后，社会认同论在其学生特纳的领导下，有不同版本的修正模型，如不确定性-认同论（uncertainty-identity theory；Hogg，2007）和最优特异性模型（optimal distinctiveness model）。其中最有影响的是特纳等人的“自我归类论”（self-categorization theory；Turner et al.，1987）。在自我归类论中，特纳提出了一个精妙构念——元对比原则（meta-contrast principle），它是行为连续体中范畴激活的基本原则（Turner et al.，1987）。所谓元对比原则，是指在群体中，如果群体成员之间在某特定维度上的相似性权重弱于另一维度的差异性权重，沿着这个有差异的维度就会分化出两个群体，群际关系因此从群体过程中凸显。特纳的元对比原则，有两方面的重要贡献：其一，它完善了其恩师的人际-群际行为差别的观念，使之转换为人际-群际行为连续体；其二，它卓有成效地解决了内群行为和群际行为的转化问题。

但社会认同论仍存在基本理论困扰：内群偏好（ingroup favoritism）和外群敌意（outgroup hostility）难题。不同的修正版本都没有妥善地解决这个基本问题。倒是当代社会认知的大家费斯克及其团队从群体认知出发，通过刻板印象内容模型（stereotype content model，STM；Fiske et al.，2002）巧妙解决了这个难题，并经由“偏差”地图（BIAS map；Cuddy et al.，2007）把刻板印象（群际认知）、偏见（群际情感）和歧视（群际行为）融为一体。

典范意味着符号霸权，但同时也是超越的目标和击打的靶心。在社会认同范式的笼罩下，以自尊假设和死亡显著性（mortality salience）为核心的恐惧管理理论（terror management theory，TMT）（张阳阳，佐斌，2006；Greenberg et al.，1997）、社会支配论（social dominance theory；Sidanius & Pratto，1999）和体制合理化理论（system justification theory；Jost & Banaji，1994）被北美学者构造出来，尝试替代解释群际现象。它有两方面的意涵：其一，它意味着人格心理学对北美社会心理学的强大影响力；其二则意味着北美个体主义和还原主义的精神气质期望在当代宏观社会心理过程中借尸还魂，而这尸体就是腐败达半世纪的权威人格论及其变式。

四、铸就中国社会心理学的“社会之魂”

中国当代社会心理学自1978年恢复、重建以来，“本土行动、全球情怀”可道其风骨。立足于本土行动的研究实践历经二十余载，催生了“文化自觉”的信心和勇气。中国社会心理学者的全球情怀，也从21世纪起开始凸显。

（一）“本土行动”的研究路径

所有国别中的社会心理学研究，首先都是本土性的研究实践。中国当代社会心理学的研究也不例外，其“本土行动”的研究实践，包括以下两类研究路径。

1. 中国文化特异性路径

以中国文化特异性为中心的研究实践，已经取得一定成就。援引解释水平的线索，可从个体、人际、群体和群际层面进行概要评论。在个体层面，受杨国枢中国人自我研究的激发，金盛华和张建新尝试探究自我价值定向理论和中国人人格模型；王登峰采用中文词汇学路径，构造了中国人人格结构的“大七模型”，以与西方的“大五模型”相区别；彭凯平的分析思维-辩证思维概念、侯玉波的中国人思维方式探索以及杨中芳的“中庸”思维研究，都揭示了中国人独特的思维方式和认知特性；刘力有关中国人的健康表征研究、汪新建和李强团队的心理健康和心理咨询研究，深化了对中国人健康和疾病观念的理解。而周欣悦的思乡研究、金钱启动研究和控制感研究，也有一定的国际影响。在人际层面，黄光国基于儒家关系主义探究了“中国人的权力游戏”，并激发了翟学伟和佐斌等有关中国人的人情、面子和里子研究；叶光辉的孝道研究，增进了对中国人家庭伦理和日常交往的理解。在群体层面，梁觉的社会通则概念，王垒、王辉、张志学、孙健敏和郑伯埙等有关中国组织行为和领导风格的研究，尝试探究中国人的群体过程和组织过程。而在群际层面，杨宜音的“自己人”和“关系化”的研究，展现了中国人独特的社会分类逻辑。沙莲香有关中国民族性的系列研究，也产生了重大影响。

上述研究增强了中国社会心理学共同体的学术自信。但这些研究也存在有待完善的共同特征。第一，这些研究都预设一种个体主义文化-集体主义文化的二元对立，而中国文化被假定和西方的个体主义文化不同，位于对应的另一极。第二，这些研究的意趣过分执着于中国文化共同体相对静止而凝固的面向，有的甚至隐含汉族中心主义和儒家中心主义倾向。第三，这些研究的方法程序大多依赖于访谈或问卷/量表。第四，这些研究相对忽视了当代中国社会的伟大变革对当代中国人心灵的塑造作用。

2. 稳态社会路径

稳态社会路径对理论论辩没有丝毫兴趣，但它是大量经验研究的主宰偏好。其问题意识，源于对西方主流学界尤其是北美社会心理学界的追踪、模仿和复制，并常常伴随中西文化比较的冲动。在积极意义上，这种问题意识不断刺激国内学子研读和领悟主流学界的进展；但其消极面是使中国社会心理学的精神品格，蜕变为北美研究时尚的落伍追随者，其典型例证如被各级地方政府所追捧的有关主观幸福感的研究。北美社会已经是高度稳态的程序社会，因而其学者问题意识的生长点只能是稳态社会的枝节问题。而偏好稳态社会路径的中国学者，所面对的是急剧的社会变革和转型。社会心理现象的表现形式、成因、后果和应对策略，在稳态社会与转型社会之间，存在质的差异。

稳态社会路径的方法论偏好，可归结为真空中的个体主义。活生生的行动者，在研究过程中被人为剔除了其在转型社会中的丰富特征，而被简化为高度同质的原子式的个体。强调社会关怀的社会心理学，蜕变为“非社会的”（asocial）社会心理学。而其资料收集程序，乃是真空中的实验或问卷调查。宏大的社会现实，被歪曲或简化为人为的实验室或田野中漠不相关的个体之间虚假的社会互动。社会心理学的“社会”之魂由此被彻底放逐。

（二）超越“怪异心理学”的全球情怀

中国社会“百年未有之大变局”，给中国社会心理学者提供了千载难逢的社会实验室。一种以中国社会转型为中心的研究实践，从21世纪开始焕发生机。其理论抱负不是对中西文化进行比较，也不是为西方模型提供中国样本资料，而是要真切地面对中国伟大的变革现实，以系统描述、理解和解释置身于转型社会的中国人心理和行为的逻辑和机制。其直面的问题虽是本土-本真性的，但由此系统萌生的情怀却是国际性的，力图超越“怪异心理学”［western，educated，industrialized，rich，and democratic（WEIRD）psychology；Henrich et al.，2010］，后者因其研究样本局限于西方受过良好教育的工业化背景的富裕社会而饱受诟病。

乐国安团队有关网络集体行动的研究，周晓虹有关农民群体社会心理变迁、“城市体验”和“中国体验”的研究，杨宜音和王俊秀团队有关社会心态的研究，方文有关群体符号边界、转型心理学和社会分类权的研究（方文，2017），高明华有关教育不平等的研究（高明华，2013），赵德雷有关社会污名的研究（赵德雷，2015），赵蜜有关政策社会心理学和儿童贫困表征的研究（赵蜜，2019；赵蜜，方文，2013），彭泗清团队有关文化混搭（cultural mixing）的研究，都尝试从不同侧面捕捉中国社会转型对中国特定群体的塑造过程。这些研究的基本品质，在于研究者对社会转型的不同侧面的高度敏感性，并以之为基础来构造自己研究的问题意识。其中，赵志裕和康萤仪的文化动态建构论模型有重要的国际影响。

（三）群体地图与中国体验等紧迫的研究议题

面对空洞的宏大理论和抽象经验主义的符号霸权，米尔斯呼吁社会学者应以持久的人类困扰和紧迫的社会议题为枢纽，重建社会学的想象力。而要滋养和培育中国当代社会心理学的想象力和洞察力，铸就社会心理学的“社会之魂”，类似地，必须检讨不同样式的生理决定论和还原论，直面生命持久的心智困扰和紧迫的社会心理议题。

不同样式的生理决定论和还原论，总是附身于招摇的研究时尚，呈现不同的惑人面目，如认知神经科学的殖民倾向。社会心理学虽历经艰难而理智的探索，终于从生理/本能决定论中破茧而出，却持续受到认知神经科学的侵扰。尽管大脑是所有心智活动的物质基础，尽管所有的社会心理和行为都有相伴的神经相关物，尽管社会心理学者对所有的学科进展有持续的开放胸怀，但人类复杂的社会心理过程无法还原为个体大脑的结构或功能。而今天的研究时尚，存在神经研究替代甚至凌驾完整动态的生命活动研究的倾向。又如大数据机构的营销术。据称大数据时代已经来临，而所有生命活动的印迹，通过计算社会科学，都能被系统挖掘、集成、归类、整合和预测。类似于乔治·奥威尔所著《一九八四》中老大哥的眼神，这是令人恐怖的数字乌托邦迷思。完整动态的生命活动，不是数字，也无法还原为数字，无论基于每个生命从出生时起就被永久植入的自由意志，还是自动活动与控制活动的分野。

铸就中国当代社会心理学的“社会之魂”，必须直面转型中国社会紧迫的社会心理议题。

(1) 数字时代人类社会认知能力的演化。方便获取的数字文本、便捷的文献检索和存储方式，彻底改变了生命学习和思考的语境。人类的社会认知过程的适应和演化是基本难题之一。“谷歌效应”(Google effect; Sparrow et al., 2011) 已经初步揭示便捷的文献检索和存储方式正败坏长时记忆系统。

(2) “平庸之恶”风险中的众从。无论是米尔格拉姆的权威服从实验还是津巴多的“路西法效应”研究，无论是二战期间纳粹德国的屠犹还是日本法西斯在中国和东南亚的暴行，无论是当代非洲的种族灭绝还是不时发生的恐怖活动，如何滋养和培育超越所谓“平庸之恶”的众从行为和内心良知，值得探究。它还涉及如何汇集民智、民情和民意的“顶层设计”。

(3) 中国社会的群体地图。要想描述、理解和解释中国人的所知、所感、所行，必须从结构层面深入人心层面，系统探究社会转型中不同群体的构成特征、认知方式、情感体验、惯例行为模式和生命期盼。

(4) 中国体验与心态模式。如何系统描绘社会变革语境中中国民众人心秩序或“中国体验”与心态模式的变迁，培育慈爱之心和公民美德，对抗非人化（dehumanization）或低人化（infra-humanization）趋势，也是紧迫的研究议程之一。

五、文化自觉的阶梯

中国社会“千年未有之变局”，或社会转型，已经并正在形塑整体中国人的历史命运。如何从结构层面深入人心层面来系统描述、理解和解释中国人的所知、所感及所行？如何把社会转型的现实灌注到中国社会心理学的研究场景中，以缔造中国社会心理学的独特品格？如何培育中国社会心理学者对持久的人类困扰和紧迫的社会议题的深切关注和敏感？所有这些难题，都是中国社会心理学者不得不直面的挑战，但同时也是理智复兴的机遇。

中国社会转型，给中国社会心理学者提供了独特的社会实验室。为了描述、理解和解释社会转型中的中国人心理和行为逻辑，应该呼唤直面社会转型的社会心理学的研究，或转型心理学的研究。转型心理学的路径，期望能够把握和捕捉社会巨变的脉络和质地，以超越文化特异性路径和稳态社会路径，以求实现中国社会心理学的理智复兴（方文，2008b，2014；方文主编，2013；Fang，2009）。

中国社会心理学的理智复兴，需要在直面中国社会转型的境况下，挖掘本土资源和西方资源，进行脚踏实地的努力。追踪、学习、梳理及借鉴西方社会心理学的新进展，就成为无法绕开的基础性的理论工作，也是最有挑战性和艰巨性的理论工作之一。

从前辈学者开始，对西方社会心理学的翻译、介绍和评论，从来就没有停止过。这些无价的努力，已经熔铸在中国社会心理学研究者和年轻学子的心智中，有助于滋养学术品位，培育“文化自觉”的信心。但翻译工作还主要集中于西方尤其是北美的社会心理学教科书。

教科书作为学术社会化的基本资源，只能择要选择相对凝固的研究发现和理论模型。整体研究过程和理论建构过程中的鲜活逻辑，都被忽略或遗弃了。学生面对的不是原初的完整研究，而是由教科书的编/作者所筛选过的第二手资料。期望学生甚至是研究者直接亲近当代社会心理学的典范研究，就是出版“当代西方社会心理学名著译丛”的初衷。

本译丛第一辑名著的选择，期望能近乎覆盖当代西方社会心理学的主宰范式。其作者，或者是特定研究范式的奠基者和开拓者，或者是特定研究范式的当代旗手。从2011年开始出版和陆续重印的名著译丛，广受好评，也在一定意义上重铸了中文社会心理学界的知识基础。而今启动的第二辑在书目选择上也遵循了第一辑的编选原则——“双重最好”（double best），即当代西方社会心理学最好研究者的最好专著文本，尽量避免多人合著的作品或论文集。已经确定的名篇有《语境中的知识》（Jovchelovitch，2007）、《超越苦乐原则》（Higgins，2012）、《努力的意义》（Dweck，1999）、《归因动机论》（Weiner，2006）、《欲望的演化》（Buss，2016）、《偏见》（Brown，2010）、《情绪感染》（Hatfield et al.，1994）、《群际接触》（Pettigrew & Tropp，2011）和《道德与社会行为的调节》（Ellemers，2017）。

正如西蒙所言，没有最优决策，最多只存在满意决策。文本的筛选和版权协商，尽管尽心尽力、精益求精，但总是有不可抗力而导致痛失珍贵的典范文本，如《自然选择和社会理论》（Trivers，2002）以及《为异见者辩护》（Nemeth，2018）等。

期望本名著译丛的出版，能开启中国社会心理学的“文化自觉”。

鸣谢

从2000年开始，我的研究幸运地持续获得国家社会科学基金（2000，2003，2008，2014）和教育部人文社会科学重点研究基地重大项目基金（2006，2011，2016）的资助。最近获得资助的是2014年度国家社会科学基金重点项目“现代化背景下的本土社会心理学研究”（项目批准号为14ASH014）和2016年度教育部人文社会科学重点研究基地重大项目“阻断贫困再生产：儿童贫困后效、实验干预与政策反思”（项目批准号为16JJD840001）。“当代西方社会心理学名著译丛”（第二辑），也是这些资助项目的主要成果之一。

而近20年前有幸结识潘宇博士，开始了和中国人民大学出版社的良好合作。潘宇博士，沙莲香先生的高徒，以对社会心理学学科制度建设的激情、承诺和敏锐洞察力，给我持续的信赖和激励。本名著译丛从最初的构想、书目选择到版权事宜，她都给予了持续的支持和推动。而中国人民大学出版社的张宏学和郦益在译丛出版过程中则持续地贡献了智慧和耐心。

最后衷心感谢本译丛学术顾问和编辑委员会所有师友的鼎力支持、批评和建议，也衷心感谢所有译校者的创造性工作。

方文

2019 年 12 月 12 日

参考文献

巴斯．（2011）．欲望的演化：人类的择偶策略（修订版；谭黎，王叶译）．北京：中国人民大学出版社．

巴斯．（2015）．进化心理学：心理的新科学（第 4 版；张勇，蒋柯译）．北京：商务印书馆．

波特，韦斯雷尔．（2006）．话语和社会心理学：超越态度与行为（肖文明等译）．北京：中国人民大学出版社．

布朗．（2007）．群体过程（第 2 版；胡鑫，庆小飞译）．北京：中国轻工业出版社．

方文．（1997）．社会心理学百年进程．社会科学战线（2），248－257.

方文．（2001）．社会心理学的演化：一种学科制度视角．中国社会科学（6），126－136＋207.

方文．（2008a）．学科制度和社会认同．北京：中国人民大学出版社．

方文．（2008b）．转型心理学：以群体资格为中心．中国社会科学（4），137－147.

方文．（2014）．转型心理学．北京：社会科学文献出版社．

方文．（2017）．社会分类权．北京大学学报（哲学社会科学版），54（5），80－90.

方文（主编）．（2013）．中国社会转型：转型心理学的路径．北京：中国人民大学出版社．

高明华．（2010）．刻板印象内容模型的修正与发展：源于大学生群体样本的调查结果．社会，30（5），200－223.

高明华．（2013）．教育不平等的身心机制及干预策略：以农民工子女为例．中国社会科学（4），60－80.

管健．(2009)．社会表征理论的起源与发展：对莫斯科维奇《社会表征：社会心理学探索》的解读．社会学研究 (4)，232－246.

黄仁宇．(2007)．万历十五年（增订本)．北京：中华书局．

卡尼曼，斯洛维奇，特沃斯基（编)．(2008)．不确定状况下的判断：启发式和偏差（方文等译)．北京：中国人民大学出版社．

李其维．(2008)．"认知革命"与"第二代认知科学"刍议．心理学报，40 (12)，1306－1327.

罗玮，罗教讲．(2015)．新计算社会学：大数据时代的社会学研究．社会学研究 (3)，222－241.

梅勒．(2009)．理解社会（赵亮员等译)．北京：北京大学出版社．

泰勒．(2013)．赢者的诅咒：经济生活中的悖论与反常现象（陈宇峰等译)．北京：中国人民大学出版社．

泰勒．(2016)．"错误"的行为：行为经济学的形成（第2版，王晋译)．北京：中信出版集团．

吴莹，赵志裕（特约主编)．(2017)．中国社会心理学评论：文化混搭心理研究 (Ⅱ)．北京：社会科学文献出版社．

乐国安（主编)．(2009)．社会心理学理论新编．天津：天津人民出版社．

张阳阳，佐斌．(2006)．自尊的恐惧管理理论研究述评．心理科学进展，14 (2)，273－280.

赵德雷．(2015)．农民工社会地位认同研究：以建筑装饰业为视角．北京：知识产权出版社．

赵蜜．(2010)．以身行事：从西美尔风情心理学到身体话语．开放时代 (1)，152－160.

赵蜜．(2017)．社会表征论：发展脉络及其启示．社会学研究 (4)，222－245＋250.

赵蜜．(2019)．儿童贫困表征的年龄与城乡效应．社会学研究 (5)，192－216.

赵蜜，方文．(2013)．社会政策中的互依三角：以村民自治制度为例．社会学研究 (6)，169－192.

赵志裕，吴莹（特约主编)．(2015)．中国社会心理学评论：文化混搭心理研究 (Ⅰ)．北京：社会科学文献出版社．

周晓虹．(1993)．现代社会心理学史．北京：中国人民大学出版社．

佐斌，张阳阳，赵菊，王娟．(2006)．刻板印象内容模型：理论假设及研究．心理科学进展，14 (1)，138－145.

Barbey, A., Barsalou, L., Simmons, W. K., & Santos, A. (2005). Embodiment in religious knowledge. Journal of Cognition & Culture, 5 (1-2), 14-57.

Barsalou, L. W. (1999). Perceptual symbol systems. Behavioral & Brain Sciences, 22 (4), 577-660.

Billig, M. (1996). Arguing and thinking: A rhetorical approach to social psychology (New ed.). Cambridge University Press.

Brown, R. (2010). Prejudice: It's social psychology (2nd ed.). Wiley-Blackwell.

Burke, P. J. (Ed.). (2006). Contemporary social psychological theories. Stanford University Press.

Buss, D. M. (2016). The evolution of desire: Strategies of human mating. Basic Books.

Chiu, C.-y., & Hong, Y.-y. (2006). Social psychology of culture. Psychology Press.

Cuddy, A. J., Fiske, S. T., & Glick, P. (2007). The BIAS map: Behaviors from intergroup affect and stereotypes. Journal of Personality & Social Psychology, 92 (4), 631-648.

De Dreu, C. K. W., & De Vries, N. K. (Eds.). (2001). Group consensus and minority influence: Implications for innovation. Blackwell.

Doise, W. (1986). Levels of explanation in social psychology. (E. Mapstone, Trans.). Cambridge University Press.

Doise, W., Clémence, A., & Lorenzi-Cioldi, F. (1993). The quantitative analysis of social representations. (J. Kaneko, Trans.). Harvester Wheatsheaf.

Dweck, C. S. (1999). Self-theories: Their role in motivation, personality and development. Psychology Press.

Eisenberger, N. I. (2015). Social pain and the brain: Controversies, questions, and where to go from here. Annual Review of Psychology, 66, 601-629.

Eisenberger, N. I., Lieberman, M. D., & Williams, K. D.. (2003). Does rejection hurt? An fMRI study of social exclusion. Science, 302 (5643), 290-292.

Ellemers, N. (2017). Morality and the regulation of social behavior: Groups as moral anchors. Routledge.

Fang, W. (2009). Transition psychology: The membership approach. Social Sciences in China, 30 (2), 35-48.

Fiske, S. T., Cuddy, A. J., Glick, P., & Xu, J. (2002). A model of (often mixed) stereotype content: Competence and warmth respectively follow from perceived status and competition. Journal of Personality & Social Psychology, 82 (6), 878 – 902.

Gergen, K. J. (2001). Social construction in context. Sage.

Greenberg, J., Solomon, S., & Pyszczynski, T. (1997). Terror management theory of self-esteem and cultural worldviews: Empirical assessments and conceptual refinements. In P. M. Zanna (Eds.), Advances in experimental social psychology (Vol. 29, pp. 61 – 139). Academic Press.

Greene, J. D., Sommerville, R. B., Nystrom, L. E., Darley, J. M., & Cohen, J. D. (2001). An fMRI investigation of emotional engagement in moral judgment. Science, 293 (5537), 2105 – 2108.

Hatfield, E., Cacioppo, J. T., & Rapson, R. L. (1994). Emotional contagion. Cambridge University Press.

Henrich, J., Heine, S. J., & Norenzayan, A. (2010). The weirdest people in the world?. Behavioral & Brain Sciences, 33 (2 – 3), 61 – 83.

Higgins, E. T. (1996). Activation: Accessibility, and salience. In E. T. Higgins & A. Kruglanski (Eds.), Social psychology: Handbook of basic principles (pp. 133 – 168). Guilford.

Higgins, E. T. (2012). Beyond pleasure and pain: How motivation works. Oxford University Press.

Hogg, M. A. (2007). Uncertainty-identity theory. Advances in Experimental Social Psychology, 39, 69 – 126.

Hong, Y. -y., Morris, M. W., Chiu, C. -y., & Benet-Martínez, V. (2000). Multicultural minds: A dynamic constructivist approach to culture and cognition. American Psychologist, 55 (7), 709 – 720.

House, J. S. (1977). The three faces of social psychology. Sociometry, 40 (2), 161 – 177.

Jost, J. T., & Banaji, M. R. (1994). The role of stereotyping in system-justification and the production of false consciousness. British Journal of Social Psychology, 33 (1), 1 – 27.

Jovchelovitch, S. (2007). Knowledge in context: Representations, community and culture. Routledge.

Kahneman, D., Slovic, P., & Tversky, A. (Eds.). (1982). Judgment under uncertainty: Heuristics and biases. Cambridge university press.

Kruglanski, A. W., & Higgins, E. T. (Eds.). (2007). Social psychology: Handbook of basic principles. Guilford.

Liu, L. (2004). Sensitising concept, themata and shareness: A dialogical perspective of social representations. Journal for the Theory of Social Behaviour, 34 (3), 249 - 264.

Macy, M. W., & Willer, R. (2002). From factors to actors: Computational sociology and agent-based modeling. Annual Review of Sociology, 28, 143 - 166.

Markovά, I. (2003). Dialogicality and social representations: The dynamics of mind. Cambridge University Press.

Morris, M. W., Chiu, C. -y., & Liu, Z. (2015). Polycultural psychology. Annual Review of Psychology, 66, 631 - 659.

Moscovici, S. (1996). Foreword: Just remembering. British Journal of Social Psychology, 35, 5 - 14.

Moscovici, S. (2000). Social representations: Explorations in social psychology. Polity.

Moscovici, S., & Markovά, I. (2006). The making of modern social psychology: The hidden story of how an international social science was created. Polity.

Nemeth, C. (2018). In defense of troublemakers: The power of dissent in life and business. Basic Books.

Ochsner, K. N. (2007). Social cognitive neuroscience: Historical development, core principles, and future promise. In A. W. Kruglanski & E. T. Higgins (Eds.), Social psychology: Handbook of basic principles (pp. 39 - 66). Guilford.

Parker, I., & Shotter, J. (Eds.). (1990). Deconstructing social psychology. Routledge.

Pettigrew, T. F., & Tropp, L. R. (2011). When groups meet: The dynamics of intergroup contact. Psychology Press.

Potter, J., & Wetherell, M. (1987). Discourse and social psychology: Beyond attitudes and behaviour. Sage.

Rosenthal, R., & DiMatteo, M. (2001). Meta-analysis: Recent developments in quantitative methods for literature review. Annual Review of Psychology, 52, 59 - 82.

Sidanius, J., & Pratto, F. (2001). Social dominance: An intergroup theory of social hierarchy and oppression. Cambridge University Press.

Sparrow, B., Liu, J., & Wegner, D. M. (2011). Google effects on memory: Cognitive consequences of having information at our fingertips. Science, 333 (6043), 776 - 778.

Sperber, D. (1996). Explaining culture: A naturalistic approach. Blackwell.

Swidler, A. (1986). Culture in action: Symbols and strategies. American Sociological Review, 51 (2), 273 – 286.

Tajfel, H. (1970). Experiments in intergroup discrimination. Scientific American, 223 (5), 96 – 103.

Tajfel, H. (1981). Human groups and social categories: Studies in social psychology. Cambridge University Press.

Tajfel, H., & Turner, J. C. (1986). The social identity theory of inter-group behavior. In S. Worchel & L. W. Austin (Eds.), Psychology of intergroup relations (pp. 7 – 24). Nelson-Hall.

Trivers, R. (2002). Natural selection and social theory: Selected papers of Robert Trivers. Oxford University Press.

Turner, J. C., Hogg, M. A., Oakes, P. J., Reicher, S. D., & Wetherell, M. S. (1987). Rediscovering the social group: A self-categorization theory. Blackwell.

Van Dijk, T. A. (1993). Elite discourse and racism. Sage.

Van Lange, P. A. M., Kruglanski, A. W., & Higgins, E. T. (Eds.). (2012). Handbook of theories of social psychology. Sage.

Weiner, B. (2006). Social motivation, justice, and the moral emotions: An attributional approach. Erlbaum.

Wyer, R. S., Chiu, C.-y., & Hong, Y.-y. (Eds.). (2009). Understanding culture: Theory, research, and application. Psychology Press.

Yzerbyt, V., Judd, C. M., & Corneille, O. (Eds.). (2004). The psychology of group perception: Perceived variability, entitativity, and essentialism. Psychology Press.

中文版序

我极度欣喜本书能被列入“当代西方社会心理学名著译丛”。科学家总试图确证自身作品的重要性，而被收入这一丛书事实上正是对本书价值的印证。

读者在选择本书时自然会有许多疑问。也许其中最重要的疑问是：一种由美国研究者所构筑的、主要在美国（尽管不是唯一地）被检验的理论模型，是否适用于中国文化语境？或者说，它是否具有跨文化的普遍性？我对之确信无疑。我的信心，源于本书所倡导的归因动机论，它深切关涉现象因果性，亦即感知者眼中的因果世界，无论其身处何方何地。此外，归因动机论的构念系统包含心理世界的三组分［思想、感受和行动（或知、情、行）］及其相互的依存关系，同样亦与感知者的背景无涉。因此可论断，非洲某个农民的作物歉收、中国某个学生的数学成绩低下以及美国某个政客的选举失败，尽管发生的具体原因截然不同，但均可援引相同的概念分析。本书中，我探究了因果性的深层结构以及因果性如何激发情感并进而推动行动，其动机序列超越了个体、情境和文化差异。也就是说，我试图建构饱含意义和价值的普遍社会动机论。

本书写就于15年前，至今世界巨变。我们要面对气候危机、全球性流行病以及被许多人憎恶的在任美国总统。这些消极的、重要的和出乎意料的事件和状态，恰恰是激发因果探索的条件，促使我们找寻其发生的原因及相关的情感和行为。因此，本书提出的归因理论，在当下更为生死攸关。

伯纳德·韦纳

2020 年 3 月 13 日

Preface for Chinese Audience

I am, of course, extremely pleased to have a book of mine counted among the Classics in Social Psychology. Scientists seek to validate the importance of their work and being included in this series certainly is a positive sign that this book is valued.

As readers, a number of questions regarding the selection of this book are appropriate. Perhaps foremost is whether a theory proposed by an American author, and tested primarily (albeit not solely) among American participants, is applicable to the Chinese culture. That is, does this theory generalize across cultures? My answer to this query is an unequivocal "Yes." I feel confident about this because the attribution theory championed here concerns phenomenal causality, that is, the causal world as it appears to the perceiver, regardless of the culture of that individual. In addition, the conceptual system embraces thinking, feeling, and acting, the three components of the psychological world, and their dependencies, again regardless of the perceiver's background. Hence, for example, it is proposed that the failure of a farmer's crop in Africa, the low score in math by a student in China, and the loss of an election by an American politician, can be subject to the same conceptual analysis even though the specific causal answers concerning why this has happened are qualitatively distinct. In this book I examine the underlying structure of causality and how this generates emotions and, in turn, actions, across persons, situations, and cultures. That is, there is an attempt to formulate a general theory of social motivation that I hope retains meaning and value.

The world has changed since I wrote this book about 15 years ago. We now have a climate crisis, a health pandemic, and an American president who many of us abhor. These are negative, important, and unexpected events and states, precisely the conditions that give rise to causal search regarding why this has come about, as well as linked emotions and behaviors. Thus, I consider the attribution-based theory discussed here even more crucial and relevant today.

Bernard Weiner

13 March, 2020

为何我们如此抓狂地执念于自己，即使我们还在世上？我们希望宣告自己的存在。……我们摆放展示自身的相框照片、毕业文凭和镀银奖杯，我们在亚麻布上印上自己姓名的缩写，或把名字刻在树上、涂在厕所墙壁上。这些都是出于同样的冲动。我们何所求？赞赏，嫉妒，还是尊重？或者仅仅只是想得到任何一种形式的关注？

至少，我们想要一个见证。我们无法忍受自己的声音像收音机里的广播一样，逐渐减弱，最终休止。

——玛格丽特·阿特伍德（Margaret Atwood）

《盲刺客》（*The Blind Assassin*，p. 95）

自　序 xi

大约10年前，我出版了《责任推断：社会行为的理论基础》（Weiner，1995）。过后这10年，相关的理论建构和经验研究都在全方位地拓展。这些拓展都体现在本书的标题——“归因动机论”中。

本书结构这样组织。首先是一篇简洁导读，之后是五章正文，每一章都专注于一种主要的理论流变和/或经验遗产，最后是结语。第一章探讨社会动机和正义论或归因动机论的逻辑发展与结构。我援引人是法官、生活是法庭的隐喻，以及原因控制和责任的概念，用以处理与成就评价、污名化、助人、对越轨者的反应和与攻击相关的现象。我由此彰显了这些概念的广度和关系丰富性。责任推断及其产生的情感是本理论的关键中介变量。第二章的要义有三：（a）在助人和攻击语境中检验理论；（b）比较文化差异和个体差异，尤其是政治意识形态；（c）展现本理论有别于其他动机论的宽广性和特异性。因此，我把在第一章所阐述的归因动机论置于经验和概念的显微镜下，并引入调节变量与中介变量。情感是第三章的主题，重点是道德情感，专注于第一章和第二章已经涉及的愤怒和同情。前期研究没有关涉其他情感，包括羡慕、嫉妒、感激、妒忌、后悔、幸灾乐 xii
祸和蔑视。我还研究了傲慢和谦虚感知，以及引发这些人格特质推断的交流或传达，因为它们都与道德情感有关。这也是一个我以前从未考虑过的、崭新的研究方向。此外，在第三章，我还考察了在找借口、坦白和其他改变因果信念和他人感受的社交情境中印象的创造和管理。第四章讨论了奖惩这两个与社会正义紧密相关的主题。这一章继续致力于彰显归因动机论的广度及其优势。它包括功利性和报复性惩罚目的之间的区别，以及不同的归因如何引发不同的惩罚目的。接下来在第五章，我将归因动机论应用于日常问题。这些应用涉及学校场景、困境中的夫妻、有成员患精神或身体疾病的家庭、组织、施虐母亲和攻击性青少年等。本书结语作为归因动机论宣言，意图与导读平衡，以“令人愉悦的对称”，总结归因动机论的主要成就与不足。

在正文中，读者会发现有13个可以在小组或班级中进行的实验。这些实验为抽象的讨论注入了具体性，也为理论增加了表面效度，因为读者产生的数据将会印证本书所报告的实验结果。这是一个大胆的声明，但正如导读所揭示的，无畏是我的写作策略之一。

本书与动机研究者和社会心理学者最为相关。但由于涵盖主题的广度，它也与很多学科有关，如临床、教育、组织和人格心理学。本书主要面向专家和研究生，但其简洁的遣词造句，让本科生也能轻易领悟。本书也可作为聚焦归因理论、社会动机或社会正义等的研讨会的文本。此外，它还可以作为相关课程的补充材料，如攻击行为、情感、助人、印象管理、惩罚和本书目录所列出的其他主题。

致　谢

有许多人值得感激，其中包括大量的本科生、研究生和博士后研究人
xiii 员，他们与我共事多年，为本书贡献良多。克里斯·克兰德尔（Chris Crandall）和南希·艾森伯格（Nancy Eisenberg）两位评阅者为我提供了许多重要建议。我也很感谢克里斯·威廉姆斯（Chris Williams）的认真编辑和在重要写作规则方面的指导。我的妻子雅娜·尤沃宁（Jaana Juvonen）也有宝贵建议，使本书锦上添花。一如既往，雅娜和女儿米娜（Miina）创造了怡人环境，使我的努力可以开花结果。这肯定是我的封笔之作，其出版让我体验到无上的满足和成就感。

导　读

为避免专著写作过程中的陷阱，我最初就下定决心以确定本书的写作风格。很明显，这些决定涉及明显相互竞争的两极。

❖ 无畏还是诚实

本书的指导方针可能被视为两个相互冲突或矛盾的规则：

规则 1：不要过分谦虚。成为一个推销员并“全力以赴”。要有力而肯定。

规则 2：不隐藏任何缺点。要觉知到正当的批评。要实事求是，承认局限和不足。

尽管这两个规则明显相悖，但我并不认为它们相互冲突或矛盾。恰恰相反，受过训练的矿工能辨别出黄铜和真金，而且如果一个人能直截了当地鉴别真假，那么真金就更容易被人珍惜。

❖ 理论聚焦还是经验聚焦

本书还以一些其他明显相互矛盾的陈述为特征，其中包括理论导向和数据导向的路径区别。

xvi 理论导向

本书主要是理论建构。作为动机心理学家，我已经发展出两个相关且重叠的归因概念，分别是个人**内**动机和人**际**动机。个人内动机理论侧重于成就驱动、与自我关联的思想和情感，以及对与他人无涉的成就需求的追寻等行为。与之相反，人际动机理论涉及社会行为，主要是助人和攻击，社会正义和惩罚，以及其他如依从、印象形成和污名化等社会现象。在本理论中，思想和情感都是关于他人的，助人、攻击和惩罚这些行为也是直接指向他人的。本书旨在构造人际动机或社会动机的归因动机论。

归因动机论，孕育于动机研究的宏大理论传统中，试图结合广泛的观察和数量有限的构念。这些传统，由克拉克·赫尔、肯尼斯·斯宾塞（Kenneth Spence，驱力理论家）、约翰·阿特金森、库尔特·勒温、朱利安·罗特、爱德华·托尔曼（期望价值理论家）所构造。我也对理论和假设进行严格区分。许多社会心理学和动机学中所谓的理论根本算不上理论，而是类似于假设，因为它们并没有相关联的概念框架，除关注狭隘现象以外几乎没有普遍性的努力尝试。

“理论”这一标签，应该是赢得的而非宣得的。我认为衡量这一标签的标准应该十分严格——基于一个简洁的构念系统在一系列的领域进行精准预测。我相信本书所展示的归因动机论值得被称为“理论”。我写作的一个主要目的就是让读者相信这是一个无偏公允的结论。

数据导向

本书主要基于数据，抑或说经验观察。无论它们的理论阐释如何，这些经验规则必须被接受，并必须能为任何相关的理论体系提供可行的解释。让我尤为不安的是，一种经过验证的理论被提出，但其关键预测却得不到实证的可靠重复。

本书包含13个实验的原始材料（如问卷、调查等），这些实验均与提出的归因理论的核心预测相关。这些实验**必**将得到证实，并能作为课堂环
xvii 境中的示范实验，因而无须担心尴尬。读者们可能会认为这些预测的验证

毫无悬念，因为这些假设都过于微小，或因这些实验都包括角色扮演或想象，而非实际行为。这些研究和其相对应的批评稍后都将得到检验。目前而言，可以说本书涉及的经验法则无论兴衰如何，都依然可作为理论或解释而被坚守。

总之，矛盾在于本书以概念分析为重点，但同时又关注经验法则。无论采取无畏的还是诚实的写作规则，我都不认为理论与经验存在不一致或矛盾之处。正是研究预测的可靠性强化了被构造的归因理论，同时理论的明确预测突出了确证数据的重要性。因此本书就理论和数据的联系，以及它们之间如何相辅相成进行探讨，理论和数据将得到同等重要的双重展现。

❖ 因果信念作为因变量还是自变量

在对因果信念的研究中，当研究者关注其决定因素时，因果信念可作为因变量；而当研究者关注其后续影响时，因果信念则可作为自变量。

因果信念作为因变量

早期的归因理论家，包括弗里茨·海德（Fritz Heider，1958）、爱德华·琼斯（Jones & Davis，1965）和哈罗德·凯利（Harold Kelley，1967），研究最多的问题是因果决策的前因或决定因素。在海德探讨有意对无意的因果性后，对行为事件归因的研究趋于具体而特异：内因（特质）还是外因（情境）。这个问题是基本归因错误研究中的焦点。“基本归因错误”是指相对无视情境因果性或过度强调特质归因。其他被深入探究的议题同样关涉特质与情境归因。例如，有研究者主张行动者更容易进行情境归因，而观察者更容易进行特质归因。“我打他是因为他激怒了我”，与之相对的是“他打我是因为他好斗”。它证明了因果信念的一种预期模式，以支持行动者/观察者偏差。以归因理论为指导的另一个热门话题是所谓的享乐偏差（hedonic bias），即人们倾向于将成功归功于自己（内因），把失败归咎于外部因素。因此，也许在归因理论的版图中，研究最多的是三个主 xviii

题：基本归因错误、行动者/观察者偏差和享乐偏差。这三者都关注人们是否以及在什么境况下倾向于做出特质归因而非情境归因。相关研究也考察这些归因倾向是否会被认知负荷与分心等因素所逆转（见 Gawronski, 2003）。

将因果信念作为因变量，关注特质和情境原因是一个非常狭窄的研究路径。这种关注，在很大程度上，忽视了因果思想的心理学意涵，窄化了与因果归因关联的宽广问题域。归因研究可归于认知功能主义领域，即因果思想导致了有意义行动。鉴于此，因果信念最好（或至少）被视为自变量而非因变量。

因果信念作为自变量

当因果信念作为自变量而非因变量时，归因心理学问题就会从归因前因转向归因后果。可能有人会问当家长把孩子的失败归咎于缺乏努力而非缺乏能力时，将会产生什么差异。这是个动机问题，而不是认知推断问题。后者关涉父母的信念导致孩子失败以及这个结论的前因是什么。这也是在心理学意义上对因果信念的功能性探询。探究因果思想的后果，需要专注于以下议题，它们构成了本书的核心：

1. 不同的因果信念是否会产生不同的独特后果，抑或因果思想是否具有某些特征，以至于不同的原因导致相似的心理后果？代表性的回答在于，原因共享有限的属性，因而会产生共同效应。然而，在共享某些特征的同时，不同原因也在其他特征维度上存在差异，所以大多数原因实际上存在着共同效应和非共同效应。本书将深入探讨这个议题。
2. 因果信念会产生什么影响？心理学的三元组分——思想、感受和行动（知、情、行），哪些会受到归因的影响？父母认为孩子因为缺乏学习而失败的归因是否会影响他们后续关于孩子的想法、情感反
xix 应和/或行为？凭直觉合理地推断，这三个方面理应受到影响，这也是本书探讨的一个中心问题。
3. 现在仅考察行动后果。它是由因果信念直接决定的行为吗？（我儿

子不学习，我会扣他的零花钱。）还是由归因间接、情感直接决定的行为？（我儿子不学习，我很生气，我会扣他的零花钱。）抑或是由因果思想和情感体验同时决定的行为？（我儿子不学习而且我很生气，我会扣他的零花钱。）又或者是通过其他前因构型或顺序决定的行为？这个难题关涉动机事件序列。这个问题无法简单回答，而是要依情况而定。例如助人行为主要由心脏决定（如情感作为行动的近因），而攻击性报复则直接受大脑和心脏的影响（如思想和情感）。

4. 归因理论所揭示的变量关系在不同个体和不同文化之间是恒定的，还是必须考虑个体和文化差异？也就是说，在将动机视为一个序列过程的中介路径中，是否存在改变假设关联的强度甚至变量因果方向的调节机制？在本书中，我将政治意识形态视作因果关系的一个典型调节变量。我的结论是，意识形态上的个体差异对于因果信念及社会行为都有显著影响。但是这些效应都能被归因动机论所涵括，而不用任何理论修正。

总之，我在本书中考察了各种因果信念的后效。它凸显了因果思想的功能意涵，从而提升了归因问题的丰富性和活力。

❖ 解释作为原因而不是理由

在这篇导读中，我最后要区分基于原因（cause）的解释和基于理由（reason）的解释之间的对立。如果有人被问到为什么去看某部电影，可能的答案将会是所谓的**理由**，例如“我听说这电影很好”“我想出门走走”“我拿到了免费票”“它在我家附近上映”“我喜欢悬疑片”。同样，如果一个学生被问到为什么选修某门心理学课程，她可能会说“这是我的专业课”“我听说这个老师很好”“这门课很符合我的日程安排”，或者更简单的“我喜欢那个主题”“我朋友都选了这门课”等等。这些解释或合理化 xx
使选择可理解。在解释日常行为时，人们往往关注理由，这明显与激励（成本和收益）以及意志选择有关。

本书提出的归因动机论建基于原因分析。然而，由于日常解释仰仗理由，归因理论似乎无法捕捉到素朴个人的思想（见 Malle，1999）。也有论者断言归因理论不仅忽略了理由，甚至还混淆了理由和原因之间的区别（见 Buss，1978）。

我同意理由和原因必须区分开，并相信归因理论的焦点就是原因。本书的归因分析始于行为结果而非行动。因此，我的归因理论关注的是为什么简成功或失败，而不是她为什么选修心理学课程。

由此观之，理由与意向行动以及自由意志有关。个体自由选择，并用理由来自我辩护其决定的正确性。而原因适用于某些意向性（如吸毒）和所有非意向性（如失明）的结果状态。个体通常不会为失明寻找“理由”，而是寻找原因。关于“为什么”失明之类问题的答案，意指其存在一个前提条件，而非一个正当理由。

总之，理由和原因之间存在明显的区别，尽管有时很模糊，充满哲思的玄妙。本书当下所充分处理的是原因而非理由，关注的是普通人对结果的解释而非行动。原因分析而非理由分析，或许限制了理论的范围。正如之后将重复强调的，社会动机论无法囊括为什么饥饿的老鼠在小巷里觅食之类的现象，而这正是其他动机论之所长。然而，归因动机论有其用武之地。我将依次探讨这些可用武之地。

目 录

第一章 1
归因动机论：探究社会动机与正义

研究人类动机有三种不同的路径。它们在很多方面存在差异，尤其就其抱负或自我标榜而言。前面提及的一种路径，目的在于建立一个宏大或“阔气”理论，也就是创建一个包含人类（或许还有亚人类）行为许多方面的概念系统。这是与爱因斯坦提出的 $E = mc^2$ 具有同等意义的心理学探索，尽管得适当承认社会科学的限度和局限性。

第一类理论雄心非凡，它们将人类描绘为机器，需要能量来发起行动，目的是达到体内平衡（均衡），从而（与机器相反）产生愉悦感。其中包括弗洛伊德（Freud，1915/1948）的心理动力观点、赫尔（Hull，1943）的驱力理论和勒温（Lewin，1938）的拓扑动力视角。这些概念对理解人类动机做出了重要贡献。尽管如此，读者可能会注意到这些理论都出现在动机心理学的历史早期，这意味着其抱负水平过于宏大，以及构造“动机心理学的整全理论”并不可行。

动机研究的第二种路径较为温和，但仍旧傲慢。这种路径为每个动机
领域分别设计单独的理论，如阿特金森（Atkinson，1957）的成就行为论， 2
或像伯科威茨（Berkowitz，1993）的攻击行为论。这些理论试图解释某一
行为的所有方面，例如不能期望用成就行为论去解释攻击行为（或者反
之）。与所谓的阔气理论不同，这些概念为理解人类行为提供了开创性的
方式，至今仍具意义。

而动机科学中最谦逊的路径，是理解成就或者攻击的一个决定因素，并避免试图解释所研究的动机领域内的所有行为，如对成功的中等强度的

主观期望会增强成就奋斗，或者夏季的炎热将加剧攻击行为。这种路径体现了绝大多数心理学研究的特点，尽管它通过奠定理论发展所必需的经验基础，对概念增长有所贡献，但更应被视为假设检验而非理论建构。

本章借鉴第一种和第三种传统，概括普遍性和特殊性，而拒绝对整个动机领域（比如成就或攻击）进行解释的第二种路径。我相信创造一个横贯动机领域的普遍动机论是有可能的，这一理论能够解决成就和攻击等问题。然而，这一理论并不能解释某一领域行为的方方面面，比如所有的成就努力和所有的攻击行为，这显然是第二种路径的目标。更确切地说，这种理论不仅能够解释一个领域内的某些行为，还可用于解释其他动机情境中的特定行为。由此，这种理论虽有跨动机情境的普遍性，但只能处理任何动机领域中的一部分行为。

例如，假设我以责任分散作为普遍动机论的基石。这一构念能解释为什么助人可能性会随着旁观者人数增多而降低。它还能解释为什么群体规模越大，个人攻击性越强。也就是说，助人和攻击（两个动机领域）的许多方面都受到群体规模的影响，并可用相同概念来解释或者至少是处理。但这一理论并不能解释为什么一个人在心情好的时候更可能助人，或者炎热日子里攻击性会更明显。因此，责任分散的概念部分澄清了与助人和敌意相关的行为，其余经验观察则超出了它的理论范围。

本章将构造有中等普遍性的一般动机论，辨析横贯不同动机领域的行
3 为决定因素。这一理论专注于广阔多样的、有心理意义的行为。但是我们应该选择什么构念来达成这个理论目标呢？为了发现超越动机情境的行为的普遍性决定因素，隐喻将成为必不可少的引导。

❖ 隐喻的作用

隐喻（metaphor，源于希腊语，原义为把东西从一个地方带到另一个地方）要求我们假装某些东西是真实的，虽然事实并非如此。例如，我们可能说人类是鲨鱼。这意味着人类有鲨鱼的部分特征，但这些特征还不足以将人归类为鲨鱼。这个隐喻作为一个透镜或者图式，以新视角来体认世

界，照亮久远的幽暗，解蔽新的事实。也就是说，隐喻帮助我们通过一个熟悉的概念或图式来理解一些陌生的东西。比如鲨鱼隐喻就可能引起对其狡猾、攻击性、力量或其他特性的观察。与之形成鲜明对照的是，“他是一只小猫咪”的隐喻，所激发的是完全不同的一套特性：这个人爱开玩笑、放松、是个开心果等等。

在对行为的解释中，隐喻可并列存在。因此，简可以被形容为鲨鱼和岩石。鲨鱼隐喻使我们洞察她的成就奋斗、攻击性和对权力的追求，但无法解释她的助人行为。岩石隐喻可能帮助我们理解她对成败和他人攻击的反应，也有助于阐明她对于助人的态度，但与她对权力的关注无关。因此，不同的隐喻可以被应用于同一动机领域（鲨鱼和岩石均可被应用于简的成就奋斗），而同一隐喻可以适用于不同的领域，但不一定适用于所有动机领域（鲨鱼表明了简的成就奋斗和攻击性，但不能解释她的助人行为）。在这种多重规则的观念中，每个规则都具有有限的普遍性和适用性，这就是我所倡导的动机研究路径。

总而言之，隐喻是并列存在的，通常以不可公度的观察作为支撑。甚至弗洛伊德也承认在他的科学发现中使用了隐喻。他写道（Freud，1926/1959）：“在心理学中，我们只能借助类比来描述事物。这没有什么特别的，其他地方也是如此。但是我们必须不断改变这些类比，因为没有一种类比能够持续足够长的时间。”（p. 195）但我希望本章所描述的一个隐喻，无须不断变化，也能持续“足够长的时间”。

人是法官 4

为本书所发展的基于归因的社会动机和正义理论提供基础的是什么隐喻呢？在寻找最有用的隐喻时，我们必须考虑到隐喻更可能捕捉到行为的哪些方面。事实证明，人是机器的隐喻，对于行为主义者解释习得性行为非常有用；人是电脑的隐喻，也曾帮助认知科学家理解思想过程。而我的隐喻必须涉及社会行为和正义。例如，“人是机器”的隐喻，无助于捕捉这类主题中的现象。一个更能满足我的目标的隐喻是“人是法官”，以及这个主题的变体——生活是一个法庭。

法官的特征是什么？为什么以这个隐喻作为引导？法官必须理性地解释证据，并就犯罪嫌疑做出判决。法官必须裁决某人是否卷入越轨行为，并且是否担责。这需要整合大量信息，并添加道德标准和文化指令。此外，法官还会对嫌犯抱有感情，而这些感情可能决定量刑。总之，法官隐喻包括认知、情感和行动三个方面，并能妥当地关涉社会正义和道德行为议题。

同样，生活可以被视为法庭，那里上演着与犯罪相关的剧目。可想象一下一个日常情景：你在等约会对象，但他/她没有准时到达。你等了 10 分钟、15 分钟、20 分钟。在这段时间里，你可能情感翻腾——害怕坏事发生，担心自己找错了地方，为那个人迟到而生气，等等。那个家伙终于来了，但迟到了 30 分钟。意外和消极事件会刺激对原因的探寻，所以你会立即质问："发生了什么事？为何这么晚才到？"这就像法官在寻找有罪或者无罪的证据。他/她会说："啊，外边景色宜人，我遛了个弯儿。"（这只是举例，大多数罪犯是不会自我谴责的。）这个解释可能激起你强烈的愤怒，你将宣布这个人有罪。随后你做出判决——我走了，再也不会跟你约会了。罪方则寻求宽恕和轻判。他/她会说发生了可怕的事情（"我没有得到心仪的工作"），需要时间来平复心情，以避免破坏约会。这种减轻责任的方法被接受，罪犯被减刑甚至被撤销刑罚而得到赦免（约会继续）。

5 在人际情境中，通过把人当成法官、把生活当成法庭，一组想法和情感得以显露，社会动机也得以揭示。它把握住了本章的潜在主题——社会生活是道德生活，道德关怀渗透在社会行为中。因此，关于公平、应得、过错、责备和责任的判断是社会行为的本质。在某种意义上，社会生活由宗教原则所支配，还依次引导法律。我的研究就是展现这种路径在跨动机领域的有效性和普遍性。然而我们必须明了，隐喻并没有被精确定义也不准确，因此必须谨慎使用。隐喻既不是解释，也不是理论；它生发意象和广泛的观念，并使之在理解的演变中发挥本质功能。

正如我不得不权衡什么隐喻有助于发展社会动机和正义理论，我还要抉择这个概念能更好地阐释社会动机和正义的哪些方面，其理论焦点（主要的经验强度）和适用范围（广度）何在（Kelly，1955）。基于此，我的探索就是由课堂这个社会宇宙的微生境中的观察所引导的。课堂上发生了什么与社会动机有关的事情？也许最引人注目的是，教师在评价学生，决定他们是成功还是失败，是“好”还是“坏”，以及他们应该得到怎样的反馈。课堂上首先是教师作为法官而做出的成就评价。但在课堂上，当然还有更广阔的社会世界里，我们还会发现污名化（stigmatization）、助人（help giving）、权威依从（compliance with authority）、攻击（aggression）、惩罚（punishment）以及许多社会和道德情感。为了深究前述“约会迟到”的场景，我将从法官隐喻出发来构造正式的理论陈述；在此过程中，我会处置已经提及的上述主题以及其他主题。

❖ 成就评价

多年前，我与他人合作发表了一项关于成就情境中他人评价的研究（Weiner & Kukla，1970）。这个实验后来在许多文化中被反复验证，所以其数据模式可以被视为“事实”（见 Weiner，1986）。经验的确证对于理论构建非常必要。这个实验如框 1.1 所示，供读者在进一步阅读前操演。我坚信由读者产生的数据会反映我们的研究发现（Weiner & Kukla，1970）。我将之视为一个“无畏的”经验主张，它通常并不由那些倡导某种特定动机的理论家做出。尽管这项研究是在约 35 年前实施的，那时我的学术生涯刚刚开始，但我的整个学术生涯都在尝试解释当时的发现，6
并已经提出了大量的解读。我始终将这些数据作为我思考的基础组成部分。

研究的问卷内容是学生们被描述在一场考试中所体验到的不同程度的成功或失败。被试需要将这些成绩信息与每个学生的能力水平（高低）和努力程度（高低）这两个成就表现最主要的感知到的原因进行因素结合（见 Weiner，1986）。例如，有学生被描述成高能力、低努力、考试失败（框 1.1 中的 4 号学生），与之相对的是有学生被描述为低能力、高努力、考试成功（5 号学生）。被试被要求评价（提供反馈）这些假设的学生，评分范围为 −5（最消极评价）到 +5（最积极评价）。

框 1.1 成就评价的决定因素

下面的实验包括 8 个不同的假设学生的信息。他们刚参加了考试并得到了高分（成功）或低分（失败）。作为这些学生的教师，你知道每个学生的能力水平以及他们准备考试的努力程度。你现在要向孩子们提供评价性反馈。假设反馈是以打星形式进行的：高评价是金星，低评价是红星。范围是 5 颗红星（用“－”表示）到 5 颗金星（用“＋”表示），但是你不能同时给出金星和红星，所以必须达成一个单向的评价。

学生	能力	努力	结果	反馈（评价）（－5 到＋5）
1	高	高	成功	
2	高	高	失败	
3	高	低	成功	
4	高	低	失败	
5	低	高	成功	
6	低	高	失败	
7	低	低	成功	
8	低	低	失败	

主效应计算	评价
成功（1、3、5、7 行分数）	＝＿＿＿＿＿＿
失败（2、4、6、8 行分数）	＝＿＿＿＿＿＿
差值	＝＿＿＿＿＿＿
高努力（1、2、5、6 行分数）	＝＿＿＿＿＿＿
低努力（3、4、7、8 行分数）	＝＿＿＿＿＿＿
差值	＝＿＿＿＿＿＿
低能力（5、6、7、8 行分数）	＝＿＿＿＿＿＿
高能力（1、2、3、4 行分数）	＝＿＿＿＿＿＿
差值	＝＿＿＿＿＿＿

实验数据如图 1.1 所示（Weiner & Kukla，1970），成绩包括优秀、较好、中等、较失败、彻底失败。与预期相符，图 1.1 揭示出在导致这些成绩的原因不变的情况下，好成绩较差成绩将得到更多奖赏、更少惩罚。也就是说，在任何因果框架中，表现越好评价越高。这同样也体现在框 1.1
7 的成绩主效应计算中，是分配正义（distributive justice）的公平原则。这意

味着，你的所得部分取决于你行动的结果。只考虑到失败这一结果，并在法官和法庭隐喻的引导下，人们可能会说“罪有应得”。这就是众所周知的正义的犯罪行为（*actus reus*）原则。另一种说法（还是仅关注失败）是惩罚由比例信念所指导。这来源于一个古老的因果报应原则，即正义要求“以眼还眼，以牙还牙，以手还手”（《出埃及记》21：24）。因此，考试分数越低，获得的评价越差。这种刑罚的报复性目的在第四章有详细阐述。

此外，就当前的目标而言，与低努力/动机相比，由高努力/动机导致成功时人们会受到更多褒奖，失败时则会受到更少惩罚（图1.1中顶部两条曲线和底部两条曲线相比较）。这适用于所有的考试结果。也就是说，强制执行正义的严格程度还取决于学生是否具有“犯罪心智”（guilty mind），这在法律中被称为犯罪意图（*mens rea*）。 *8*

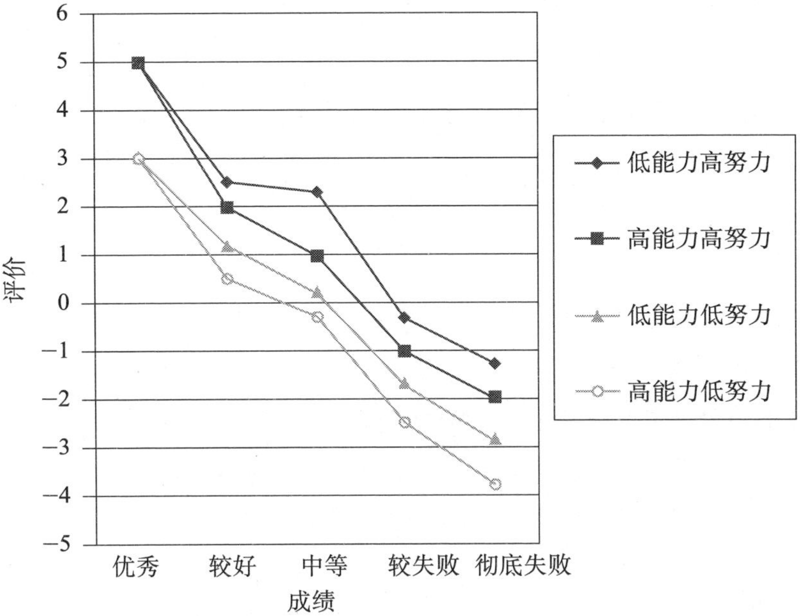

图1.1 评价作为学生成绩、努力和能力的函数

资料来源：Weiner & Kukla，1970.

与之相对，不论成绩如何，低能力较高能力更常受到高评价和低惩罚（图1.1中第1、3条曲线与第2、4条曲线相比较）。这一看似奇怪的发现，实际是因为根据已有信息，能力低但努力工作（并取得一定成功）会得到特别的嘉奖。事实上，克服障碍获得成功的人会被视为文化英雄（cultural hero），他们彰显了美国（和其他国家）中与新教伦理相关的核心价值观。与此同时，因努力不足而未能充分发挥自己能力而最终失败的人，将受到最大惩罚。他们被视为文化和道德上的恶人（假设在特定情况下，努力被期许为义务）。因为这种自变量的配置，低能力就其对他人评价的影响而言，成为一个正值属性（并未达到成功和高努力的正值程度）。当然，人们并不渴望拥有低能力，并且考虑到能力与成绩的关系，高能力具有积极的评价后果。

在前述报告的数据中（Weiner & Kukla，1970），若关注失败的结果，考虑所感知的因果性和评价间的关系，可揭示两个为理论建构提供基础的普遍原则和动机序列：

9 1. 失败—低努力作为原因—高惩罚。

2. 失败—低能力作为原因—低（零）惩罚。

尽管这些经验结论不言自明，但其解释并非如此。

归因解释

为理解这些发现，我转而分析现象因果性。回顾一下，归因论由内因和外因（或原因所在）的区别所引导，但对于行动者而言，能力和努力实际均为内在因素。因此，这种因果区别并不足以解释数据发现。为理解结果的模式，必须对因果信念有更详细的探究。要做到这一点，必须确定原因的性质，或者它们在分类学上的特质和分类。

当然，除了能力和努力，成绩结果还有许多其他原因，对它们的识别有助于建构原因分类学。就成绩差而言，失败可能被认为是由于策略错误、运气坏、教师偏见、同辈阻碍、生病等原因。同样，转向亲和领域，社交失败（被拒绝）可能是由于缺乏人际交往技巧、心仪对象已经有计划、另一方觉得你没有魅力等原因。注意，我说的是现象因果性，成绩差和被拒绝的感知原因，可能与“真正的”原因并不完全一致。

这些多样的、明显不同的原因有着共同特质或性质：尽管存在表型差异，但它们在基因型上具有典型相似性。因此，尽管它们在质上不同，但在数量上是可比较的。从我们已知的区别出发，在成就领域，成败的许多原因，包括能力、努力和策略，都与个体（内在）有关；而机会、教师偏见、同辈阻碍描述的则是与环境相关的原因（即这些原因是外在于个体的）。如前所述，这一区别为归因论的许多研究提供了基础，部分是在“基本归因错误”的标题下进行的，且是自尊及其维持（自尊的提升或下降，必须由行动者对自身进行归因）的基础。因此，数学能力的缺乏和学习的不足导致成绩差，是内在于个体的；而教师偏见和同辈阻碍则不同，是外在于个体的。同样的分析可以应用于亲和领域。一个人因为没有吸引力而被拒绝，这暗指内在原因；一个人因对方太忙而被拒绝则是因为外在原因。请注意，10
这一维度使得不同动机情境的原因也可进行比较和对比。比如，能力低导致数学差和没有吸引力导致被拒绝约会，都是行动者的内在特质。因此，用于解释不同动机领域的、表型上不同的原因，是可比较的、概念上相似的。从归因的角度看，跨领域的可比性对创立普遍动机论至关重要。

本书中第二个非常中心的原因属性是可控性，或者说一个原因在何种程度上是可为意志所改变的。努力不足被认为是可控的或个人可改变的——“本来可以是其他结果”。但缺乏天资并非如此。类似的区别也适用于亲和领域。例如，一个人因为“邋遢”而被拒绝，这被认为是可以通过意志控制的；但一个人因过高或过矮被拒绝的话，情况就截然不同。

原因的可控性和来源属性是分离的，尽管这些特征常常被混淆。“内部控制点”（internal locus of control）这一常用短语正说明了这一现象，并造成了概念上的混乱，因为原因可能是内部的，但无法控制。比如，天资被认为是一个人内在的素质，但这个人却无法控制。它不易被欲望或理性直接改变。与此同时，努力是内在的、可控的。即使缺乏责任减轻情节，不努力也是一种自由的选择。考虑到社会情境中归因的功能性后果，可控性的属性可能较来源的属性更为重要，因为正如全书所彰显的，它直接与道德判断相关。

正如所推论的，内因可能是可控的（努力）或不可控的（天资）。外因也是如此，但可控外因的概念要求能动性的转移，或能动性感知焦点的改变。在学生考试失败的案例中，所有外因从定义上来看都是学生无法控制的，但可能是由一个外部因素所控制。比如，同辈阻碍对于失败的学生而言是外因且不为他所控，但是这一行为是同辈可控的。在本书中，我以一种“转移焦点”的方式使用可控性概念。这至关重要，因为他人的可控外因是其受指责和愤怒的前提，并会产生许多额外的社会后果。

因果性很可能有一个（或许仅有一个）深层的潜在属性。它与原因解释超越时间的普遍性有关，被称为**原因稳定性**。例如，低智力作为数学差
11 的原因被视为稳定的，而坏运气或者得流感则是暂时的原因。原因稳定性值得关注，因为它影响对未来的信念，包括对成功的期望，它被认为是动机行为最重要的决定因素之一。第四章在论及惩罚目的时，将详细讨论原因稳定性的属性。

大量证据表明，原因来源、可控性和稳定性是现象因果性唯一可复制的属性（相关综述见 Weiner，1986），尽管习得性无助阵营的研究者试图将跨情境的原因普遍性（globality）作为补充的因果维度（Peterson，1991）。我选择不（强烈地）支持这一论点，因为尽管它具有直观的吸引力，但关于原因属性的实证研究并未发现情境普遍性（见 Weiner，1986）。此外，这项工作基本是在美国进行的，因此迫切需要对这三四个基础的原因属性进行跨文化证实。

我们无法明确为何仅存在三个或四个原因维度。有人认为，因果性就像时间和空间，是人类思想的基本范畴，是与生俱来的、“随时”可用的。就原因维度而言，这也许是真的，尽管没有令人信服的证据支撑这一解释；与之对照，基于特定经历的范畴历时习得则有海量证据（例如，当婴儿伸手去拿东西时，他们可能认识到努力是一个可控原因；而当东西太远时，他们可能认识到某些情境下原因是不能控制的）。但这些猜想远超本书的讨论主题，且就当前目标而言，我提出来源、可控性和稳定性这三个现象原因属性已经足矣，而且可控性可以从行动者本身或外部行动者的角度加以考虑。

考虑到这些问题，再回到我们的研究（Weiner & Kukla，1970）。研究发现，努力不足所致的失败会招致教师的惩罚，而能力不足却不会导致此

后果。努力不足和能力不足有什么不同？表 1.1 展示了这两个原因及其基础属性。从表 1.1 可以明显看出，能力和努力都是行动者内在因素。因此，原因来源并不能解释以能力和努力为因的失败所得到的评价差异。与此同时，这两种原因在可控性上不同，不充分的努力被认为是可控的，而能力不足则普遍被认为是不可控的（这里的能力与天资相近，而非习得的技能）。另外，努力常被认为是不稳定或暂时的，而能力（天资）则是永久不变的。（更委婉的说法是，努力较能力更不稳定。）因此，针对努力不足和能力不足所致失败的评价不一致，可能是由于这两种原因在可控性或 12
者稳定性上的差异。

表 1.1　　能力和努力的原因属性

原因属性	能力	努力
来源	内在	内在
可控性	不可控	可控
稳定性	稳定	不稳定

证明可控性而不是稳定性是评价性反馈不一致的主要决定因素相对更容易。具体而言，努力可能是稳定的（这个学生一直很懒）也可能是不稳定的（这个学生这段时间不努力），能力可能是稳定的（这个学生的一般智力较低）也可能是不稳定的（这个学生还没习得所需技能）。考虑到这些变异，与能力导致的失败相比，与努力相关的原因导致的失败将受到更多惩罚，无论原因是否稳定。也就是说，（在原因稳定的情况下）懒惰会比低能招致更负面的评价结果，而（在原因不稳定且暂时的情况下）特定时间或特定情境中的懒惰将较技能缺乏招致更为负面的反馈。因此，产生评价分异的关键归因差异是原因的可控性，即学生能否有意识地改变行为和相关结果。

基于这一结论，原因的可控性维度可补充前述的评价或动机原则：

1. 失败—努力不足（可控原因）—高惩罚。
2. 失败—能力不足（不可控原因）—低（零）惩罚。

因此可推论，任何可受意志影响的原因导致的失败，都会受到惩罚或谴责，而不可控原因却不会引起谴责。例如，在亲和领域，一个人因草率懒散而被拒绝会遭到他人批评（“你本可穿得更好看些”），而当拒绝的原因是缺乏吸引力时，人们几乎不会加以谴责。因此，在成就（或其他领
13 域）的消极结果情境中，就原因和处罚的关系更普遍的论断是：

1. 失败—可控原因—他人有负面评价。
2. 失败—不可控原因—他人没有负面评价。

因此，努力不足只是增加惩罚的原因之一，其特点是可控。注意，我还没有研究不可控失败是否可能引起他人的积极反应（比如同情或帮助）。这种观点将在后面加以阐述。另外，我还没有完备说明为什么受赏或受罚，这将在第四章进行讨论。我也没有阐述不努力但可能减轻处罚的情况，这将在第三章进行讨论。

评价规则的公平性　已经明确个体在决定严格评价他人成就时，会考虑可控性。但这是否“公平”？毕竟，有人可能会争辩，在成就评价中不应考虑努力付出和个人控制的推断，因为拒绝努力和他人并不相干。这是一种没有受害人的犯罪。而唯一相干的可能是“底线”，即“结果”（或法律中所谓的“严格责任”）。

为探索对公平性的感知问题，我和一位同事直接研究了成就评价情境中的公平判断。读者可以参与本实验，部分内容如框 1.2 所示（Farwell & Weiner，1996）。

在我们（Farwell & Weiner，1996；另见框 1.2）的研究中，学生被描述为考试失败（犯错），其原因为努力不足（可控）或能力不足（不可控）。这一信息与教师的评价相匹配，得分范围是 -1 到 -5。评价以因素设计的方式变化，例如，因能力不足而失败的学生得到 -1 的反馈，因努力不足而失败的学生得到 -5 的反馈（见框 1.2 的第 3 行）。在其他情况中，两者都得到 -5 或 -1 的反馈（第 2 行、第 4 行）。另一种情况中，因能力不足而失败的学生得到 -5 的反馈，因努力不足而失败的学生得到 -1
14 的反馈（第 1 行）。我们要求受访者在 -3 到 +3 的分数范围内，评判教师反馈的公平性和严格性。

框 1.2 教师评价的公平性和严格性

想象班里有两个学生，考试成绩都很差。在考试成绩之外，教师还以红星的形式给表现不佳的学生提供评价性反馈。一个学生成绩差是因为能力不足，另一个学生成绩差是因为努力不足。教师的反馈是 1～5 个红星（或记为 -1 到 -5）。下面是一些不同的评价分数。请你在空格中打分，评估这些评价的公平性和严格性。分数范围是 -3（非常不公平、非常不严格）到 +3（非常公平、非常严格）。

行	能力不足（红星）	努力不足（红星）	公平性（-3 到 +3）	严格性（-3 到 +3）
1	-5	-1		
2	-5	-5		
3	-1	-5		
4	-1	-1		
5	-4	-2		
6	-4	-4		
7	-2	-2		
8	-2	-4		
9	-4	-1		
10	-1	-4		
11	-1	-1		
12	-4	-4		

计算以下情况的分数：	公平性
能力较努力多 4（第 1 行）	
能力较努力多 3（第 9 行）	
能力较努力多 2（第 5 行）	
能力等于努力（第 2、4、6、7、11、12 行）	
能力较努力少 2（第 8 行）	
能力较努力少 3（第 10 行）	
能力较努力少 4（第 3 行）	

我很确信读者的反应将与大多数实验中的典型大学生被试的反应相 15
似。如图 1.2 所示（同时提供公平性和严格性排名），当努力不足导致失败的负面反馈大于因缺乏能力而失败的负面反馈时，评价被认为是最公平

的。最公平的模式（最大的负值）是努力不足的学生评分 -5、能力不足的学生评分 -2，或是努力不足的学生评分 -4、能力不足的学生评分 -1。相反，被认为最不公平的评价是能力不足受到比努力不足更严厉的反馈情况。在成对的原因组中，严格性与反馈的总负面程度有关，而不是由评价差异决定。

公平在成就语境中的中心地位再次证明，成就评价也是一种道德判断。韦伯（Weber，1904/1958）在《新教伦理与资本主义精神》这本经典著作中指出了成就奋斗与道德的关系。他认为努力争取成功是一种道德责任。也就是说，成就与“应然”“应该”“义务”这些观念交织在一起，是更大的道德责任的一部分。正如费瑟（Feather，1999）所指出的，在成就语境中，不经努力而获得成功不仅不会被视为“应得”，还会引发不公平感。“人是法官”这一隐喻恰好适用于成就背景下对成就奋斗及对他人的评价研究。此外，如本章所述，这一隐喻以及能力/努力的区别，也适用于亲和或其他领域。

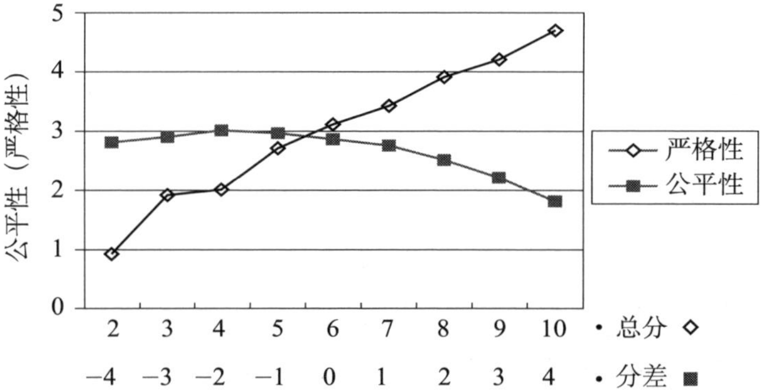

图 1.2 负面分配的严格性和公平性作为对低能力和低努力学生反馈的函数

资料来源：Farwell & Weiner，1996.

16 ## ❖ 对受污者的反应

现在我将注意力转向一个不同的社会领域——污名化及对受污者的反

应。我将首先阐述一项非常简单、无需课堂的研究，之后再报告一个学校情境中的实验发现。在这项我和两位同事共同进行的解释性研究中（Weiner，Perry，& Magnusson，1988），我探讨了许多常见污名情境和对受污者的想法与情感反应之间的关系，包括与责任和责备相关的信念、好感、愤怒和同情。研究程序非常简单直接，读者现在也可参加一个类似的实验，见框 1.3。

框 1.3　对受污者的反应

请在空格中填入能表达你观点的数值。在每个问题中，1 = 非常低（如不可控、无责任、不愤怒、不同情），7 = 非常高（如高可控等）。使用 1 ~7 的任意数值，对每种污名做出评价。

污名	可控性	责任	愤怒	同情
艾滋病				
酗酒				
阿尔茨海默病				
失明				
癌症				
儿童虐待				
吸毒成瘾				
心脏病				
肥胖症				
截瘫				

数据表：每个类别中 5 种污名的数值之和

污名分类	可控性	责任	愤怒	同情
可控污名（艾滋病、酗酒、儿童虐待、吸毒成瘾、肥胖症）				
不可控污名（阿尔茨海默病、失明、癌症、心脏病、截瘫）				

所探讨的污名及报告的反应见表 1.2。表格可分为两部分：从阿尔茨

海默病到截瘫的上半部分和从艾滋病到肥胖症的下半部分（之前的实验不包括酗酒）。上半部分的污名几乎不会引起责任和责备，还会引起相对的好感、高同情，不会招致愤怒。而表 1.2 的下半部分，数据截然不同：存在责任和责备，低好感、低同情和高愤怒。

17 **表 1.2** **责任相关变量的均值**

污名	责任	责备	好感	同情	愤怒
阿尔茨海默病	0.8	0.5	6.5	7.9	1.4
失明	0.9	0.5	7.5	7.4	1.7
癌症	1.6	1.3	7.6	8.0	1.6
心脏病	2.5	1.6	7.5	7.4	1.6
截瘫	1.6	0.9	7.0	7.6	1.4
艾滋病	4.4	4.8	4.8	6.2	4.0
儿童虐待	5.2	6.0	2.0	3.3	7.9
吸毒成瘾	6.5	6.7	3.0	4.0	6.4
肥胖症	5.3	5.2	5.7	5.1	3.3

资料来源：Weiner，Perry，& Magnusson，1988，p. 740.

如何解释这一经验分化呢？归因论又提供了一些答案。污名和原因一样，都具有特殊的属性，能以这些特质为基础进行分类。例如，污名程度依医学严重程度而异，无论它们是否可以隐藏、是永久还是暂时；在这一语境中，最重要的是它们的起源是生物性的还是行为性的（见 Jones et al.，1984）。

18 表 1.2 中的数据表明，与有行为问题的人相比（如儿童虐待者和肥胖者），身体存在自然缺陷的人（遗传性、生物性），比如阿尔茨海默病患者和失明者，更少引发负面反应。在许多研究中，同样也发现人们对基于行为的问题（包括艾滋病、肥胖症、酗酒、吸毒成瘾）持有绝对或相对的负面反应。正如成就评价的数据一样，这些态度发现也可被视为“事实”（相关综述见 Weiner，1995）。读者可以进行框 1.3 中的实验，确认是否发现相似模式。

回到教室中的相关数据，也发现儿童通常不接受具有不规范特征的同辈，比如孤僻或社交退缩、缺乏吸引力、残障等等（见 Hartup，1983；Juvonen，1991）。然而，同辈反应因异常行为的类型而异。表现出攻击、反社会或多动的儿童在好感度上得分较低，而心理和身体残疾的儿童属于更受欢迎的特殊群体（见 Juvonen，1991；Sigelman & Begley，1987）。表 1.3 总结了这些差异（其中指定斥责为行为反应）。

也许会有人争辩，这些群体之所以引发不同的反应，是因为多动和攻击性强的孩子会干扰他人，而有身体和心理障碍的孩子不会对非污名者制造人际关系问题。但尽管肥胖者不一定会干扰到他人，但他们是儿童中最受排斥和讨厌的（Richardson，Hastorf，Goodman，& Dornbusch，1961）。因此，区别被接受（不被斥责）与被拒绝（被斥责）的个体间特征在于，污名条件是源于生物性还是行为性（见表 1.3）。

表 1.3　　对学校相关污名的评价

污名	分类	斥责情况
多动	行为性	高
吹牛	行为性	高
攻击性	行为性	高
身体残疾	身体性，遗传性	低
心理障碍	身体性，遗传性	低
缺乏吸引力	身体性，遗传性	低

综上，从污名化研究中得到的原则和动机序列可以总结如下：

1. 污名化条件—行为性起源—斥责。 19
2. 污名化条件—生物性起源—不斥责。

一方面，可确信行为性起源的污名是可控的，即它们是由“选择”产生的。一个人“不需要”吃得过饱、吸毒、喝太多酒、滥交等等。对应的短语是“拒绝吧”（just say no）。另一方面，生物性起源的污名被认为不受行动者的意志控制。毕竟，一个人不是选择得阿尔茨海默病，其严重程度也不受意志选择的影响。因此，这些关系可以被进一步阐述如下：

1. 污名化条件—行为性起源（可控）—斥责。
2. 污名化条件—生物性起源（不可控）—不斥责。

这些原则可以被进一步精炼。一些污名化条件似乎是生物性起源，比如心脏病，但它们也可能是由不锻炼或者吸烟这些不健康的行为导致的。生活方式的选择愈发被视为病症的成因。与此同时，其他污名的起源似乎是行为性的，比如肥胖症，但也可能是受甲状腺疾病等生物性的影响。在这些例子中，可控性感知决定了对受污者的行为反应。所以，与因甲状腺功能不良而肥胖的个体相比，因生活方式而得心脏病的个体更可能接收到负面反馈（见 Weiner et al.，1988）。因此，污名化条件与行为反应间的关系可以被更准确地描述为：

1. 污名化条件—可控—斥责。
2. 污名化条件—不可控—不斥责。

再回想成就评价的研究，通过加倍努力来克服低能力而最终成功的人会得到高评价。在其他相关的污名评价研究中，因可控原因被污名化的个体，通过巨大的道德努力克服或“抹去”其污名时，也会得到高评价（见 Sniderman，Piazza，Tetlock，& Kendrick，1991）。成功戒酒的酗酒者、曾经吸毒的有奉献的公民、曾因暴饮暴食而肥胖的马拉松运动员，常被视为“文化英雄”。也许有些矛盾，他们较那些从不喝酒、从不吸毒、从不肥胖的人更受尊敬。事实上，他们被聘为咨询者，为那些没有康复的个体树立榜样。

20 **福利受助人对穷人** 在污名化群体中，尽管福利受助人和穷人有所重叠，但两者存在区别。被描述为靠福利生活的人（福利最初的设立目的是帮助寡妇）比被描述为穷人的个体得到更负面的反应（见 Henry，Reyna，& Weiner，2004）。与穷人相比，福利受助人被认为能够控制自己的问题。具体而言，他们被认为没有工作。而穷人则被认为是在工作，但工资不足以支持体面的生活。

围绕福利和贫困问题的政治辞令中，存在许多这类相反的刻板印象例子。在 1999 年两次不同的演讲中，当时的共和党总统候选人乔治·布什固化了福利受助人和穷人的不同形象。关于福利问题，布什在得克萨斯州的一次演讲中警告道：“那些仍然依靠福利生活的人……如果你拒绝帮助你自己的话，那么得克萨斯就不能帮助你。”（Bush，1999a）而关于贫困问题，他在后来的演讲中说："我们将集结热血军队，向贫穷开战。"（Bush，1999b）这使人联想到对比鲜明的无助的、不可控的穷人形象。

民主党人也基于与可控性相关的因果信念强化了这些刻板印象。前总统克林顿战略性地将他的福利政策命名为《个人责任与工作机会协调法案》（见 Clinton，1996），并指出："我们的福利改革提案将拥抱两个基本价值观：工作和责任。"（Clinton，1995）这种情感意味着，美国新福利政策将不再对不道德（懒惰）的人进行施舍。

由此再次证明，道德关怀在对他人的评判中起主要作用。受污者被视为病人或罪人。病人，如失明者、阿尔茨海默病患者、穷人，不应受到道德谴责，也不会被视为有道德亏欠。这不是他们自己的错。而罪人——吸毒者、肥胖者、酗酒者——则会受到责备、挑剔和惩罚。他们在道德上失败，因为他们本可避免这些过失出现。自由意志由法官推定，也是定罪的必要条件，我们后面会进行讨论。

理论整合

具体事实本身不如其代表的更广泛的意义重要。例如，在失败情境下，努力不足比能力不足会引发更多惩罚这一发现非常重要。但更有意义的是，认识到原因的可控性较不可控性会产生更多的惩罚，前者由努力不 21
足所具体化，后者则体现在低天资上。当认识到招致负面反应的行为生成的污名由可控原因造成时（如性行为作为艾滋病的原因，暴饮暴食作为肥胖的原因，懒惰作为接受福利的原因），这一重要性便凸显出来。它们与引发更多积极反应、被解释为个人无法控制的身体性的污名不同（如衰老或遗传缺陷作为阿尔茨海默病的原因，低收入作为贫困的原因）。因此，这两组分别与成就评价和污名者反应有关的现象可以被纳入同一概念框架：

1. 成就失败、污名—可控原因—斥责。
2. 成就失败、污名—不可控原因—不斥责。

总之，两个经验法则被结合了起来，而原因性质的确定使得解释概括化成为可能。此外，已经被使用的隐喻——人是法官和生活是法庭——为实现跨语境比较的原则提供方向（强加的“判决”部分取决于个人的可控性，或法律用语中的“意图”）。法官和法庭的隐喻及其派生原则，不能让我们完全理解成就评价和对受污者的反应。毕竟，对受污者的反应也会受个人恐惧和受污者的生理特质的影响。然而，它们产生的隐喻、规则和想法都适用于成就和污名领域，这就是我正努力实现的目标。

现在有两类社会现象：对与成就关联的努力不足的惩罚（能力不足不受惩罚）和对行为所致污名的惩罚（生物性污名不受惩罚）都被纳入同一个概念框架中。然而，成就评价和对受污者的反应并不代表社会行为的核心。在动机心理学或社会心理学的入门教科书中，它们的关注度很低。在社会动机研究中，其他三个领域激动人心，因为它们更靠近动机心理学和社会心理学的中心。这三个领域是助人（利他行为）、权力依从或不依从、攻击行为。下面我将在成就评价和对受污者反应的解释指引下，转向这三
22 个动机领域。但正如你所想，我面临着新的理论障碍。

❖ 助人行为

助人行为能否被纳入目前发展起来的理论结构中？为回答这个问题，我将转向我之前一项与课堂助人相关的研究（见 Weiner，1980b）。和前文一样，读者可以进行这项实验，我相信他们的数据将与我的报告相符。本实验如框 1.4 所示。

研究被试被假设有一位同学向他们借课堂笔记（见框 1.4），而借笔记的原因是多种多样的。在一种情况中，他的同学说因为眼睛的问题所以需要这些笔记——他视力出现问题，不得不去看眼科医生。为了增加可信
24 度，这名学生被描述为戴着眼罩。在第二个情境中，这个学生说需要笔记的原因是他旷课去沙滩了。被试之后被询问他们外借笔记的可能性。我们也评估了其他反应，包括该需求的原因的可控性、被试对这位有需要的同学的愤怒和同情程度。

框 1.4　成就语境中的助人行为

下面的故事讲述的是一个同学试图借你的课堂笔记。在每个例子中，故事将详细描述该事件，并说明他寻求帮助的原因。随后，将问你一些有关你对这个人的认识和感受，以及你可能做什么的问题。

下午 1 点左右，你正在校园漫步，一个学生朝你走来。他说虽然你不认识他，但你们是上同一门课的同学，他曾在课上注意到你。他询问你能否将上周的课堂笔记借给他。他说自己需要笔记的原因是他眼睛不舒服；需要配新的眼镜，上周因为滴眼药水和其他治疗而看不见东西。你注意到他一只眼睛裹着纱布。

请回答有关该事件的以下问题：

1. 你对他的愤怒和烦恼程度有多高？

1	2	3	4	5	6	7

非常愤怒和烦恼　　　　一点也不愤怒和烦恼

2. 你对他的同情程度有多高？

1	2	3	4	5	6	7

非常同情　　　　一点也不同情

3. 你借给他笔记的可能性是多少？ 23

1	2	3	4	5	6	7

绝对会借给他　　　　绝对不会借给他

4. 他不记笔记的原因的可控性如何？即，他不记笔记的理由受个人意志影响吗？他是否有能力控制自己受问题影响的程度？

1	2	3	4	5	6	7

个人可控　　　　个人不可控

下午 1 点左右，你正在校园漫步，一个学生朝你走来。他说虽然你不认识他，但你们是上同一门课的同学，他曾在课上注意到你。他询问你能否将上周的课程笔记借给他。他说自己需要笔记的原因是他上周翘课去沙滩“放松”了。

请回答有关该事件的以下问题：

1. 你对他的愤怒和烦恼程度有多高？

1　　2　　3　　4　　5　　6　　7

非常愤怒和烦恼　　　　一点也不愤怒和烦恼

2. 你对他的同情程度有多高？

1　　2　　3　　4　　5　　6　　7

非常同情　　　　一点也不同情

3. 你借给他笔记的可能性是多少？

1　　2　　3　　4　　5　　6　　7

绝对会借给他　　　　绝对不会借给他

4. 他不记笔记的原因的可控性如何？即，他不记笔记的理由受个人意志影响吗？他是否有能力控制自己受问题影响的程度？

1　　2　　3　　4　　5　　6　　7

个人可控　　　　个人不可控

调查选取的数据见表 1.4。数据显示，旷课去沙滩而需要笔记的学生被视为因可控原因而需要帮助。这引起（与之相关的）极少同情、极大愤怒和微弱的外借笔记倾向。与此同时，因为视力问题而需要借笔记的学生被视为因不可控原因而需要帮助。这引起（与之相关的）同情、助人和极少的愤怒。这一实验及其变体在很多场景下得到了重复（见 Barnes，Ickes，& Kidd，1979；相关综述见 Weiner，1995），并与框 1.4 中的回应非常相似。

表 1.4　　两种助人情境中评价的均值和标准差

变量	情境			
	去沙滩		视力问题	
	均值	标准差	均值	标准差
控制	6.75	2.63	3.84	2.88
同情	0.63	1.05	5.52	1.91
愤怒	4.57	2.77	1.20	1.96
外借	2.07	2.66	5.58	2.49

资料来源：Weiner，1980b，p. 679.

通过关注助人相关行为结果，本实验的发现可概括如下：

1. 需要课堂笔记—旷课去沙滩—不帮助。
2. 需要课堂笔记—视力问题—帮助。

很明显，去沙滩这一原因与作为失败原因的努力不足非常相近。即，求助的原因是本人内在可控的。相反，视力问题可能被描述为发源于身体的污名，在概念上与作为失败原因的能力不足相近（外在且不可控）。因此，如表 1.4 所示，调查结果与先前的分析一致，发现可描述为：

1. 需要帮助—可控原因—拒绝帮助。 25
2. 需要帮助—不可控原因—给予帮助。

因而这种助人语境可在施加于成就评价和对污名者的反应的同一结构中概念化。自作自受的人不应得到援助，而有着不可控需求的人“应该”得到帮助。与成就评价和对污名者的反应一致，没有提出仅限于某一领域（这里指助人）的理论。毕竟，助人的决定因素包括恐惧和痛苦、可提供帮助的人员数量、遗传关系等等。目前的分析已经隔离和确认了一个助人的决定因素，而非描述一个完整的助人理论。尽管其他变量也会对人们的反应产生影响，但我们已确认这一前提（可控性）也影响成就评价和对污名者的反应。

总结一下我们目前的发现：在成就评价、对污名者的反应和寻求帮助的情境中，法官和法庭的隐喻强调了控制性感知是管理社会反应的一种基本认知，它调节着事件、状态及其后续反应。这些社会行为根源于神学、法律和其他道德思想。

❈ 对权力者的依从

设想一位校长告诉教师有个学生是某个重要捐赠人的儿子，不论他的实际表现及其原因如何，都要给他高评价，而教师的工资也将上涨。贿赂和其他影响性尝试在校园里很少见，但它们确实以多种形式发生，课堂外更是非常普遍。这会改变教师的行为吗？如果会，这位教师将被如何评价呢？

在这个例子中，行为的潜在变化源于他人。个体权力被视为塑造、改变或影响他人行为的相对能力（见 French & Raven，1959）。社会权力——一个人能影响他人的程度——可以追溯到六个基本来源：信息传递、奖赏、惩罚、合法化、专业化和参考（French & Raven，1959；Raven，1965）。在进一步讨论这个问题之前，请读者们完成框 1.5 中的实验。本实验询问了在不同来源的权力影响下，人们对顺从或依从不道德请求的依从者的反应。在本实验中，责任的标签取代了控制的标签，因为它更为合适（之后将加以阐述）。

26 **框 1.5　不同权力来源情境中的依从**

想象以下场景。医生要求护士给病人开一种目前未得到官方批准的药物。虽然护士表现出不情愿和不愿服从，但还是依从了医生的要求。结果病人情况恶化，住进重症监护室之后几天就死了。接下来你将阅读促使护士服从医生要求的话语。阅读之后，你需要就护士责任、你对她的愤怒和同情程度、在有权威部门惩罚护士的情况下你的反应等相关内容进行评判。医生向护士传达的信息如下之一：

1. 如果你按我说的做，我会帮你获得晋升。(奖赏)
2. 如果你拒绝我的要求，你会被开除。(惩罚)
3. 作为私人医生，我有权告诉你应该使用什么药物。(合法化)
4. 我们一直意见一致。让我们继续保持。(参考)
5. 相信我的专业知识，按我说的做。(专业化)
6. 我将向你展示新药物价值的有力证据，这样你会相信这的确是正确的做法。(信息传递)

下面根据每条信息回答以下问题（按 1 ~7 评分）：

1. 你认为护士责任有多大？
(1 = 不必负责；7 = 责任非常大)
2. 如果病人是你的朋友，你对护士有多大愤怒？
(1 = 不愤怒；7 = 非常愤怒)

3. 你对护士有多少同情？

（1 = 不同情；7 = 非常同情）

4. 你认为护士应受到多大的惩罚或训斥？

（1 = 最好不要；7 = 越严重越好）

例如，护士被告知如果按照医生的话做，她将得到晋升（奖赏），因此她依从了。评分描述了护士在多大程度上被视为有责任、读者的愤怒和同情以及建议的惩罚（均以 7 点量表呈现）。 27

权力来源	责任	愤怒	同情	惩罚
1. 奖赏				
2. 惩罚				
3. 合法化				
4. 参考				
5. 专业化				
6. 信息传递				
均值，第 1 组（1 + 4 + 6）				
均值，第 2 组（2 + 3 + 5）				

在刚完成的依从实验中，我们展示了六种权力基础。奖赏（晋职）、惩罚（被开除）很容易被识别。剩余四种权力基础被贴上合法化（医生有权告知我）、参考（我们一直意见一致）、专业化（相信专家的知识）和信息传递（医生向我展示有力证据）等标签。尽管有人试图将这些权力策略分为有意义的类别，但它们被认为在性质上截然不同。

罗德里格斯及其同事（如 Rodrigues，1995；Rodrigues & Lloyd，1998）发现，因果信念提供了一个框架，在其中可对各类权力进行分类，从而发现表型不同的权力在基因型上具有相似性（正如努力和能力等不同成就原因有基本的相似之处和其他的差异）。罗德里格斯（1995）发现与源于惩罚、合法化和专业化的权力所引发的依从相比，源于奖赏、信息传递和参考的权力所产生的依从，对被影响者而言，是内在的也是可控的。具体而言，例如一个护士因预期的奖赏而依从医生的非法要求，那么她的行为 28 将被归结为内在且可控的原因。与此同时，如果依从是因为对惩罚的恐惧而产生，那么行为将被视为是由于外部且不可控的原因（第四章将详细研究这一比较）。类似地，如果依从的原因是由相似性和共同经验所决定的源于参考的权力，那么影响的原因将被视为依从者内在且可控的；而个体因被权力者授权发出指令（合法化）而依从时，原因则是外部且不可控的。

为检验这些观点，并探究归因分类对他人反应的影响，罗德里格斯和劳埃德（Rodrigues & Lloyd，1998）向被试提供了一个有多种变体的场景（见框 1.5）。护士被描述为按照医生的要求不道德地给病人提供实验药物，这种药物会有积极（病人康复）或消极（病人死亡）的结果（如框 1.5 所示）。此外，医生的社会影响努力基于六种权力来源。

罗德里格斯和劳埃德（1998）在分析中，将奖赏、信息传递和参考的数据群组（内在可控原因，命名为权力来源组 1）与惩罚、合法化和专业化的数据群组（外部不可控原因，命名为组 2）结合起来。数据源于他们一次以护士为被试、同时展示了好坏两种结果的实验，见表 1.5。与组 2 原因（如惩罚）比较，组 1 原因（如奖赏）对于护士而言更加内在、可 29 控。此外，在只考虑负面结果的情况下，内在可控原因较外部不可控原因引发了更大的愤怒和更严厉的惩罚建议。

表 1.5　　权力来源组 1 和组 2 的均值（实验 1：实习护士眼中护士的行为）

变量	组 1	组 2
A. 好结果的情况		
内在	5.15	3.72
可控	6.62	4.96
B. 坏结果的情况		
内在	5.46	3.89
可控	6.76	4.29
愤怒	6.16	4.67
惩罚	5.38	4.30

资料来源：Rodrigues & Lloyd，1998，p. 987.

在先前成就评价、对受污者的反应、助人研究的指引下，这些数据可揭示以下概念分析（还是只考虑负面结果和原因的可控性维度）：

1. 依从—源于奖赏、信息传递、参考的权力—惩罚。
   依从—源于惩罚、合法化、专业化的权力—（相对）不惩罚。
2. 源于奖赏、信息传递、参考的权力 = 可控原因。
   源于惩罚、合法化、专业化的权力 = 不可控原因。
3. 依从—可控原因—惩罚。
   依从—不可控原因—（相对）不惩罚。

因此，已有观点可拓展至其他领域，包括依从和社会影响尝试得以实现的原因。在心理学文献中，成就评价、对受污者的反应、助人和依从从未被纳入同一概念框架中。事实上，我相信没有任何行为领域在同一理论框架下做过配对比较，但归因论的框架（在该研究个案中也是道德议题）显然可以同时容纳这些领域的探究。

❖ 攻击行为

现在我转向心理学研究的另一领域——攻击行为，以确认它能否被整合进新兴的理论框架中。在对攻击的讨论中，我不再按照之前的做法提供读者也可完成的简单的实验问卷。因为当前的图景显而易见，这部分无需实验成分加以说明。与此同时，与统合讨论的成就评价、对受污者的反应、助人和对违法行为的依从相比较而言，攻击理论的拓展则更有必要。

采用归因路径研究攻击行为遵循说谎或欺骗范式。在这些实验中，被试从实验同伴（可能是实验者同盟，或者根本就没有人但被认为在隔壁房间内）处收到令人厌恶的刺激（如电击、巨大噪声）。被试被告知的信息 30
是其同伴是否知道自己的行为影响、是否意识到其实施的令人厌恶的刺激的威力等。例如，在一项电击实验中，被试被告知电击设备的标签有误，因此当假定的同伴选择了高电击时被试实际受到低电击，反之亦然。电击经历与额外信息相加，被试获得以攻击形式回应假定实施电击者的机会（见 Dyck & Rule，1978；Epstein & Taylor，1967；Nickel，1974）。通过这种方式，受到的电击强度和实验操纵的个人意向推断分别独立地与行为攻击（报复）产生关联。

这类研究持续发现，被试外显的攻击行为与他们所相信的同伴**有意**施加的厌恶刺激的强度相匹配，而非他们所体验到的电击或噪声的实际强度（见 Dyck & Rule，1978）。这些数据可被阐述如下：

1. 接受高厌恶刺激—有意的—报复。
   接受高厌恶刺激—无意的（原意为低刺激）—不报复。
2. 低厌恶刺激—有意的—不报复。
   低厌恶刺激—无意的（原意为高刺激）—报复。

第二类与课堂更相关的文献将个体差异、相关成分和一些实验操纵纳入考量。这里，研究者一直关注攻击性儿童的信念，他们受到他人“故意”挑衅而正当报复（另见第五章）。实际上，即使非攻击性个体，若认为他人行为怀有恶意，也会支持攻击性报复。因此，如果推断他人恶意行事，那么他们可能会具有攻击性。

在一项遵循这一研究逻辑的原创研究中，道奇（Dodge，1980）根据教师和同辈的评分识别出攻击性男孩和非攻击性男孩。这些接受独立测试的孩子被要求完成一项可能获奖的拼字游戏。在拼图进行到一半时，他们被打断并带进隔壁房间，在那里他们可以看见据说是另一个孩子正在拼的图。这时他们“无意中”听见假的对讲机系统中传来的声音，说这个孩子
31 正在检查被试已完成部分的拼图，然后传来了毁坏拼图的声音。前两个实验情境都清晰传达出孩子是故意，抑或无意毁掉了拼图。而在第三种情境中，毁坏拼图的原因是模糊的，可以被解释为有意，也可被解释为无意。在得到这一信息后，被试被单独留在房间内，研究者观察其是否会通过毁坏拼图的方式报复另一个孩子。

在无意中听到敌意毁图的情况下，攻击性儿童和非攻击性儿童都展开了报复性攻击。相反，在听到是意外毁坏的情况下，两个群体的儿童都克制了自己的行动。但在原因不明的模糊情况下，与非攻击性男孩相比，攻击性男孩推测出更大的主观意向，也表现出更强的攻击性。其他研究

（Graham，Hudley，& Williams，1992）也有相似发现（见 Crick & Dodge，1994）。

总之，无论是使用报复性电击范式的实验研究，还是检验敌意归因的个体差异研究，一致证明存在意向-报复联结。因此，攻击似乎符合我们已经提出的分析。但在关于成就评价、对受污者的反应、助人和越轨依从的研究中，已报告的是控制性感知和一些因变量间的关系，没有提及意向性概念。因此，一个基本问题是：鉴于这种偏离，攻击能否同其他现象一样被纳入同一框架内？控制归因和意向感知间是否存在联系或相似之处？如何将这两个概念整合到同一概念框架中？

原因控制和意向是等价的吗？

有很多理由主张可控性和意向性是不同的概念。在本语境中，它们的不同之处在于可控性是指原因属性。比如努力被视为失败的可控原因，不锻炼是心脏问题的可控原因，等等。而意向指的是一个人的动机或目标以及行动理由——一个人是否有意（想要、意欲）伤害他人。有研究（Malle & Knobe，1997）已经表明，意向包括信念和欲望，而意向行为的条件包含目的觉知。这与原因可控性的概念截然不同，因为原因无须囊括目标以及目标达成可能性的信念（见 Malle，Knobe，O'Laughlin，Pearce，& Nelson，2000）。另外，一个人可能并不想失败，但其失败的原因却是可控的（如努力不足）。因此，控制不等价于意向，这一发现阻碍我们将攻击纳入已 32
发展出的框架。然而，深入审视控制和意图概念，就会揭示它们享有共同的属性——它们都是一个更具包容性的推断的前因或组分，即个人责任（框 1.3 和框 1.5 中使用的标签）。

❖ 责任与控制、意向的异同

责任的本质是道德辩解，或行为的可解释性。一个人必须就行为结果对他人进行“回答”或解释，尤其当结果令人厌恶的时候［来自拉丁语 repondere（回答）］。因为个人必须和他人论辩，责任问题就出现在社会语境中。

一个人对结果负有责任意味着他造成了该结果。此外，责任推断要求行动者具有选择的自由，抑或自由意志（见 Fincham & Jaspers，1980；Shaver，1985；Weiner，1995）。因此，一个人因努力不足而失败被认为是个人责任，因为他可以选择是否付出努力，这是个体可控的。相反，当失败是由于天资不足时，情况就并非如此。因此，天资不足作为失败的原因不会导致对个人责任的评判。

与控制类似，意向也是责任感知的一个前因或决定因素。人们对故意事件较意外事件负有更大责任，这一点已得到坚定的证实。故意杀人（谋杀，murder）比意外杀人（过失杀人，manslaughter）受到的惩罚更大，就体现了这一区别（见 Malle & Knobe，1997）。故意而非偶然的事件揭示出一种“犯罪心理”。

总之，尽管可控性和意向抑或意向性有所区别，但它们都是责任判断的决定因素。对控制和意向的感知通常会增强责任推断，正如控制缺乏和意向缺失会降低责任推断。此外，可控性和意向性可以另一种方式与责任区分。在许多情况下，原因可控性和/或意向性并不伴随责任判断和谴责。例如，如果一个人必须要照顾生病的父母，那么他就不会因为没有在学习
33 上付出努力而被指责。这种辩解（这一行为服务于更高的道德目标）是一种责任减轻情节，即使不付出努力是可控的（见 Weiner，1995）。同样，因年龄、精神状态、不同文化规范等原因而无法辨别是非的人，也无须对故意的攻击违法行为负责（见 Morse，1978，1985）。当一个孩子“故意”杀死另一个孩子时，他不会被判谋杀。因此，如前所述，尽管控制和意向有助于做出更具包容性的责任推断，但它们都可与责任区分开。完备的责任推断要求原因内在可控、存在意向及缺乏责任减轻情节。

❖ 关于社会行为的初步理论

上述讨论为初步尝试构建关于社会动机和正义的普遍理论提供了背景。该理论如图 1.3 所示，包含成就评价、对受污者的反应、助人、依从

和攻击等不同社会现象。

回到我的原型——成就领域，图 1.3“成就失败”一行显示了努力不足所致的与成就相关的失败。努力不足是一个可控原因，因此在缺乏责任减轻情节的情况下，行动者须对失败负责。责任评判会依次产生反社会的行为反应，包括指责、非难、忽视和/或报复。同样的分析也适用于对他人有意的攻击行为的反应，因为如前所述，意向也是个人责任的前因。

与此同时，从图 1.3 的下半部分可合理推定能力不足所致的成就失败不可控，因此行动者无须对此结果负责。无责或免责会导致亲社会行为，例如斥责抑制、非难免除、帮助以及攻击性报复豁免。当攻击行为并非有意（如意外的）时，这一分析同样适用。

因此，这一理论可被描述为从思想到行为演进的时间序列。在其中，因果思想生发责任推断，从而决定行动。它也可被描述为一种理性理论，其行为与道德信念直接有关。因此，本理论解决了罪与病的心理表征及其相互联结的动机过程。但它留存重大空白。

34

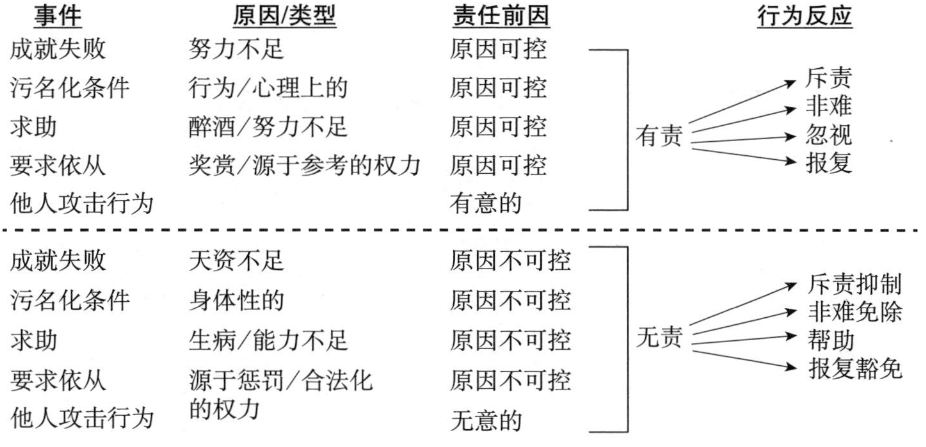

图 1.3　初步动机论：基于行动者责任的分化路径

❈ 情感的作用

图 1.3 确定了许多影响社会行为的关键认知成分。然而这依旧是一种

“冷”理论，因为情感没有参与到动机行为中。但动机肯定会受制于情感。当前许多动机研究路径的缺陷在于它们（几乎）缺乏情感因素，如自我效能论、目标论、内在动机论和其他概念化尝试。似乎所有“阔气”理论都至少假定行为能追溯到苦乐原则：我们希望最大限度地增加正面情感和减少负面情感，以成本-收益分析和享乐欲望来指导行动。

35 **责任和愤怒**

比愉悦和痛苦更具体的或更离散的情感也会影响动机过程。为理解动机过程，首先要考虑哪些想法会促进某些特定的情感。例如，想象一下你的孩子因为拒绝做家庭作业而在学校表现不佳，或者你最喜欢的球队中有名球员偷懒时你的感受。当读者们体验到愤怒和同情的特定情感时，请翻到框 1.6 并报告这些反应。

对框 1.6 中问题的答案的研究，期望能揭示出违规情况下的可控性、意向性和个人责任的推断将激发愤怒。你会对叛逆的孩子和偷懒的运动员感到生气。愤怒是一种指责或价值判断，基于他“本不该如此做事”的信念（见 Averill，1982，1983；Frijda，1986；Reisenzein & Hoffman，1990；Roseman，1991；Weiner，1995）。在精神卫生领域，有海量文献研究“情感表达”（EE；见第五章）。基于患者的病症和行为都是个人可控的信念，这些研究
36 把握住了精神病患者家属针对患者（如精神分裂症和抑郁症）的愤怒（例见 Lopez，Nelson，Snyder，& Mintz，1999；Weisman & Lopez，1996）。

框 1.6 情感反应

1. 想象你对他人感到愤怒的时候。告知其场景和原因。

2. 想象你对他人感到同情的时候。告知其场景和原因。

还有大量附加的研究支持愤怒伴随责任判断的观点。例如，埃夫里尔

(Averill，1983) 要求人们报告最近使他们愤怒的事件。在这项研究中，超过50%的事件被认为是“自愿实施的”，即加害者充分意识到其行为后果，而受害者则视其行为不正当。产生愤怒的第二大类情境（30%）与可避免的伤害有关，这些伤害行为不一定是故意的，但被视为意志可控，比如他人的疏忽大意所致。因此，在引发愤怒的情境中，有近80%涉及对可控行为的归因，对方应对此负责。愤怒因而被视为一种道德情感（见Tangney & Fischer，1995；本书第三章)。

尽管对负面困境的责任与愤怒引发之间的联系存在确定性，但仍存在超过本书范围的难题。例如，当一个人因为未能发动汽车而踢了车一脚的时候，这是否表明他在缺乏可控原因和责任推断的情况下的愤怒呢？也许吧——但话说回来，这种情感可能是沮丧或不开心，而不是愤怒。或者，这可能是一种“假装”的反应，伴随着对机器具有人类特征的隐喻设定。此外，被他人故意伤害的个体是否可能不感到愤怒呢？我认为答案是肯定的；有人可以甘心容忍，被打左脸，再送右脸（turn the other cheek)。故意伤害-愤怒的关系，描述的是普通情境中的普通人，而不是圣人或其他非凡个体。

总之，如果负面境况被视为自作自受，那么绝大多数人会对此做出愤怒的反应。不同场景愤怒与否，个体自明。这说明愤怒与对事件原因的思考和评价存在密切联系。从逻辑上讲，如果受害者表达出愤怒，那么这条信息所传递的就是有他人应对不幸的事件负责（第三章和第四章将进一步讨论)。

免责和同情

同责任与愤怒间的联结相反，他人困境中的免责与同情、怜悯及可怜有关，如框1.6所示。一个人被限制在极权国家（外部原因)，或因身体障碍而运动失败（内在不可控原因)，或因为需要照顾生病母亲而成绩不佳（责任减轻情节）等，都是会引起同情的困境，因为当事人不用为其困境负责。 37

在一项旨在证明这种联结的研究中（Weiner，Graham，& Chandler，1982)，大学生被试被要求回想他们生活中对他人怜悯或同情的经历。报告中最常见的情况是看到残障人士，或者与年迈者的个人互动。从更广泛的角度看，“人们更同情勇敢的受难者，他因一个好原因而陷入苦难，且这一苦难是无法控制的”（Wispé，1991，p. 134）。当他人不对负面境况或事件负责时，人们就会产生同情。与愤怒相似，在逻辑上讲，人们也能被“说服进”或“走出”同情反应（例如，“不要为他难过，这是他的错”）。此外，如果他人表达出同情，这意味着同情对象被认为无须对自身处境负责（见第三章和第四章）。

情感与行动

愤怒和同情，在被责任或无责推断所激发之外，还是后续行动的刺激因素（见 Averill，1983；Frijda，1986），因而具有动机意义。也就是说，情感在思想和行动之间搭建其桥梁。愤怒常导致体验者“剔除”做错事的人，和那个人作对、以攻击行动报复，或者远离那个人、拒绝施舍。愤怒通常是一种“招惹”（goad）或者“推动”的刺激，驱使个体采取自保行为和/或与正义尺度相当的报复行为。因此，愤怒具有功能性和进化性意义。

但同情则引导个体增加亲社会行为，如助人、减少包括惩罚在内的反社会行为（Eisenberg，1986）。同情也是一种动力，但与愤怒不同；它的动机是实施亲社会行为而非反社会行为。同情是关键的社会力量，而怜悯则是迈向社会正义的必要阶梯。

正如第三章将要论述的，其他许多情感都是源于原因推断，同时也是行为前因。但愤怒和同情正是最关键的两种道德情感，它们为图 1.3 所示的“冷”理论框架的扩展提供了必要桥梁。

38 一个更完整的社会行为论

通过将对责任评价的情感反应和对情感的行为反应纳入动机序列中，社会动机与正义的概念体系可表述如下：

1. 事件	→	原因	→	原因属性	→	责任	→	情感	→	反应
（成就失败）		（努力不足）		（可控）		（负责）		（愤怒）		（惩罚）

也就是说，如若一个人在成就相关任务中遭遇失败，由此处未能提及的各种证据所指引，他人会将失败归咎于努力不足。努力是一个可控原因，而且在缺乏责任减轻情节的情况下，这个人须对失败负责。对一个负面的自我相关结果负责将引发愤怒。而愤怒依次会引发报复反应。这一序列与下面的例子形成对比：

2. 污名	→	原因	→	原因属性	→	责任	→	情感	→	反应
（阿尔茨海默病）		（遗传）		（不可控）		（无责）		（同情）		（帮助）

在这个例子中，阿尔茨海默病这一负面状态，被认为是基因功能障碍所致。一个人的基因遗传并不可控，他不必为自己处于这种状态负责。无须对困境负责引发同情，而同情则引发助人的亲社会行为。

把握这些序列的完整理论见图 1.4。如图所示，其基本假设聚焦动机过程演进，它从思想向情感再向行动发展，具体过程可表述为从原因认知和意向感知到个人责任推断，再到愤怒和同情，然后产生斥责、帮助、攻击等社会反应。正如之后将详细阐述的，我认为这是动机性行动的“深层结构”或“通用语言”。

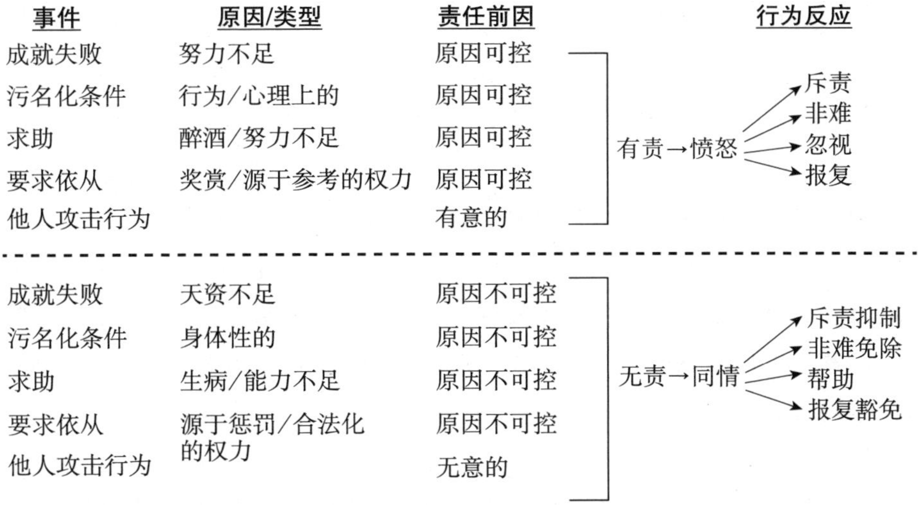

图 1.4　社会动机和社会正义的终极理论：以情感作为思想和行为的桥梁

当然，其他动机序列也是可想象的。最有可能与思想—情感—行动序列相竞争的动机序列，就是认为思想不仅能产生情感，还能产生行动，所以思想和情感在引导行为上具有同等的原因位置（两者都是近因）。还有一些人可能会认为情感先于思想。第二章将在助人和攻击语境中展示对各类动机序列理论的经验验证。

39 ❖ 对责任和情感的深入评论

显然，责任和情感是本理论的核心要素。因此，在本章末尾，我将详细阐述与它们的使用相关的两个关键问题：责任信念与自由意志对决定论之争，以及将情感想象成行为“推动”而非“拉扯”的决定因素，这与行为的直接决定因素或最终决定因素问题有关。

对自由意志的接受和决定论

科学心理学一直赞同决定论；如果想要预测未来的话，这是必要条件（*sine qua non*）。但进化论和神经科学对心理学的影响日益增大，这种观点
40 在今天可能更受认可。从进化的角度看，行为是漫长进化史的产物，当前之所以采取行动是因为它已经成功解决了先前的问题。就像老鼠“一定”在夜间觅食，飞蛾“一定”扑向灯光，人类也“一定”从事某些活动。同样，给定特定模式的神经激活，特定的行动定紧随其后。决定论的地位至高无上。

而社会动机和社会正义的归因路径，则假设人们对他们的许多行为负有责任，而这些行为是自由选择和自愿进行的。这一假设是神学和法律体系的基础。那决定论的立场与接受自由意志是否水火不容？归因论离开决定论阵营是否存在疏忽？也就是说，当行为与决定论法则相关时，人们是否应该对自己行为肩负道德责任？

我的立场是归因论赞同决定论，但有些矛盾的是，行为的决定因素之一是他人有选择自由的主观信念。也就是说，归因论的预测，基于普通人对自由意志的理解。自由意志是素朴心理学的一部分，人们普遍认为个体能自由坚持已选的行为方式。感知到的自由产生责任判断、愤怒和同情等

情感，以及相关联的行动。归因论的表述略有不同，它拥抱决定论体系，但在行为前因中嵌套自由意志信念。这可被视为以相容路径来处置自由意志-决定论之争的一个遥远变体（见 Frankfurt，1988）。

首要的是离散情感决定因素而非最终的行为动力

我们可以在比较中发现许多区别。大多数动机论假设存在一个“最终”的行为动力。三个“最终目标”占主导地位。最古老的假设原则是“有机体努力最大化快乐，最小化痛苦”。而所有动机性行动的共同目标，被假设为获得积极情感、避免消极情感，以助于实现享乐目标。因此，行为不是由情感驱动，而是由对情感的预期驱动。这是关乎未来的享乐主义（hedonism）。

这一路径与“人是机器”的隐喻不时关联。这并不是因为机器拥有或期望感受，而是因为快乐-痛苦与体内平衡和回归平衡状态的愿望有关
（例如，我们在饥饿时进食，口渴时喝水，诸如此类都能产生好的感受、 *41*
开启休息时间）。同样，期望价值论者将快乐-痛苦作为所有行为的根源，尽管他们通常不将内稳态纳入支配概念中。

行为的第二个最终决定因素是理解（understanding），或对自我和环境的掌控。也许这可以追溯到佛教和对自我启迪的寻求。专注原因推断和因果决策前因的归因论，其隐喻是“人是科学家，致力于理解自身和其所处的世界”（见 Heider，1958；Kelley，1967）。这一信念已经融入我的理论中。理解可能被认为是功能性的，服务于享乐目标，但事实并非如此。

而行为的第三个最终决定因素与进化论和社会生物学有关。其假设在于“个体有自我保持并增强其基因库的动力”。所有机体都被认为有这个终极目标，且其所有行为都被视为基因增强的工具。

行动的最终动力无法被证实或证伪。最好的情况是，可以收集支持（或否定）这些假设的例证，以便明智地推断维持最终原则是否合理。宣称最终目标的理论也可能概括了行为的最近或直接决定因素。例如，驱力论将行为追溯到内稳态和享乐主义，但同时也假设行为的直接决定因素是驱力和习惯。当然这是一个可验证性更强的命题。

社会动机归因论，在许多方面与这些路径形成对比。首先，苦乐原则的缺陷显而易见。取而代之的是行动的直接决定因素——尤其是原因推断、责任信念以及与这些思想相关的情感。其次，情感被认为是一种激励和推动有机体行动的刺激物。对情感结果状态的预期不是动机性的，而是当前被唤醒的情感引发了行动。这是一种“推”而非“拉”的概念，关注情感如何激发行动。此外，这种推动是由离散情感完成的，而非由快乐（幸福）或痛苦（不快乐）的弥散情感状态所完成。不同的情感，由不同的想法抑或所谓的认知评估所引发。

总之，在此所构造的理论模型，包含激发行动的直接的离散情感决定因素。这与最终的弥散情感决定因素形成鲜明对比，后者在最普遍的快乐
42 -痛苦的动机公式中将个体推向一个目标。归因论也的确有一个最终目标，即掌控环境，但它是次要的。

与所有其他的动机模型相比，目前的归因动机论模型有什么优势？也许，丰富深邃的人类情感、复杂的思想-情感联结，都能被整合进动机过程中。此外，行为原则受经验证实或证伪的考验，较少受阻于不可检验的最终假设。

当然归因路径也存在严重的缺陷（我之后会加以阐述）。这里所定义的归因，要求行动已经发生；也就是说，本理论从一个已经完成的行为或状态开始，例如一个人失败或求助。还没有一种机制可以解释为什么个体要伤害或帮助他人。本理论的绝大部分，是反应性的而非主动性的。因为没有相关的最终动机目标或准则，所以大多数主动行为还无法解释，而这些最终动机目标或准则常被融入“理由”中。此外，这种由法官隐喻所指导的路径，假设一个思想者利用信息且由更高层次的道德规则所指引。这是不是对人类行为的一种有效看法，当然还有待考察。

❖ 小结

从归因的视角看，就社会动机和社会正义的决定因素，我们能得到什么结论？

1. 事件的原因是行动的重要决定因素。
2. 原因有三类基本属性或特质：来源、可控性和稳定性。前两种尤其与道德信念相联系。
3. 原因评估，连同涉及责任减轻情节的其他信息和意向推断，引发责任推断。自由意志感知可融入这个概念中。
4. 对个人责任的认知评估与愤怒和同情相关联。
5. 情感是行动的最近决定因素，促进亲社会和反社会行为。这些情感推动而非拉动有机体。原因思考（责任信念）和相关情感（愤怒和同情）是成就评价、对受污者的反应、助人、权力依从和攻击的 43
显著决定因素。因此，责任推断为理解社会动机和正义提供了广阔的概念框架。然而，行为同样也被与归因过程无关的因素所影响。
6. “人是法官”以及“生活是法庭”的隐喻，提供了分析背景。这些隐喻创造了生动形象，增进了对社会行为的理解，并将本理论与法律和神学联系起来。也就是说，什么是公平、正义和应得可作为透镜，基于归因框架，社会生活得以感知和践行。道德信念是普遍的社会动机和正义论（归因动机论）的基础和概念黏合剂，很多语境中的行为都基于病对罪、善对恶的信念。

44

第二章 检验归因动机论：融合文化差异和个体差异

第一章展示了社会动机和社会正义的人际理论或归因动机论的逻辑发展。归因动机论具有若干本质要素，尤其是因果信念及其深层属性；此外，原因理解和责任判断、责任推断和情感、情感和行为之间也存在时序联结；最后，在思想、感受和行动之间必定有近端与远端关联，或近因与远因。但完整动机序列的相关证据还未呈现。这是本章第一要务。第一章已经提出一系列与动机序列相关的问题，但本章主要关注：因果信念与行动是否直接关联？抑或它只是远因，而情感则是近因？此外，回想一下，为验证动机的普遍概念，有人主张所构造的理论必须适用于众多动机领域。因此，我们要对归因论和动机序列问题进行实证检验，而且我们的检验还要跨越两个动机域即助人和攻击行为。

本章第二要务，为第一章所忽略，即关注文化差异和个体差异如何被整合进归因动机论的概念框架中。截至目前，本理论似乎是普遍通用的，不受文化
45 和个体差异的影响。果真如此吗？这是否意味着本理论无法处理这些差异？

本章最后将深究归因动机论的妙处，对比其中介构念和调节构念。在与其他动机论的比较过程中，本理论的其他优势也将胜出，其本质品格也将得以彰显。

❈ 动机序列

在宏观水平，第一章所建构的理论模型已阐明动机序列是从思想到情

感再到行动。即情感是认知和行为间的桥梁，由思想决定并引发行动。当然也存在其他动机序列假设。例如，也许情感引发思想（“我很生气，他必须负责”），或思想产生行动（“这是他的错，我不会帮忙”）；或思想同时引发情感和行为，那么情感就是与行为相关的副现象。也就是说，情感与行动同时发生，而非情感激发行动。这些只是几种可想象的排列组合。但如果导入双向关联，也就是说关系链既可从左到右，也可从右到左（第四章进行详细阐述），那情势则更为复杂。

在助人情境中，图 2.1 展示了可能的动机序列。在图 2.1 中，模型 1 胜出，持续至今；模型 2 将思想作为行动的近端决定因素；模型 3 认为两类情感相互关联；模型 4 包括从情感交互和思想到行动的直接路径；模型 5 则绕过归因过程，认为在情境和行为间存在直接关系。而这些只是众多可能性中的几种。

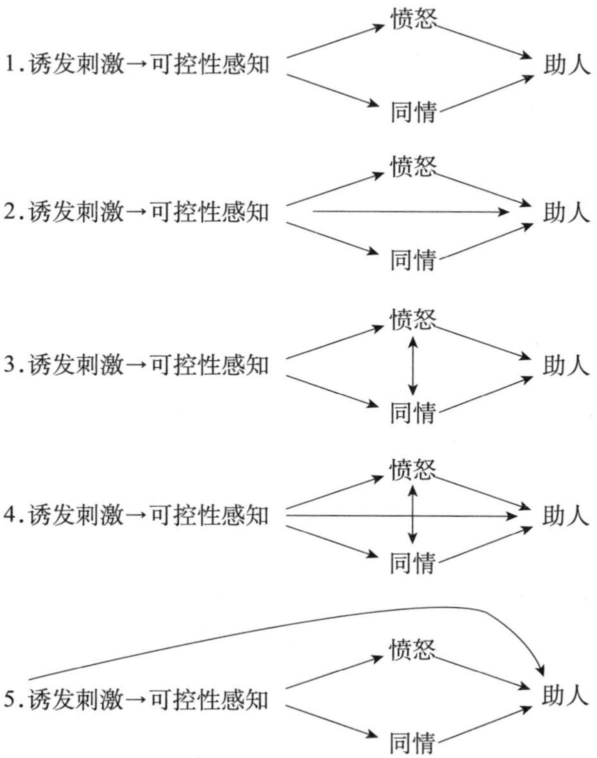

46

图 2.1　在刺激呈现与最终行为反应间可能的动机序列（路径）（以助人为例）

当前统计学的进展使路径分析技术能帮助抉择多种假设模型。使用这一方法论，在一个由诸多构念和关联组成的复杂理论中，可在保持所有其他关联不变的情况下描述变量间关系。因此，举例来说，如果情感是行为的近端决定因素，那么即使因果信念和行为间存在关联，从数据上将情感从这一关系中剔除的话，原有关系的显著性将降低，甚至降为零。想象某人正在评判一个努力不足的失败者，且评判者摄入了某种会消除所有情感的化学物质。那么这个懒惰的家伙仍然会受到负面评价吗？或者负面评价需要愤怒情感的唤醒吗？如果结果和负面评价间的关系在愤怒情感缺席的情况下还存在，那么思想直接与行为相关。与此同时，如果在服用了情感抑制药物的情况下相关性降为零，那么可确信直接引起负面反应的是情感而非思想。

47 ❈ 对助人和攻击的元分析

要回答动机序列难题，必须进行大样本的测试。一种积累数据的有效方法就是元分析。所谓元分析，就是收集所有已知的相关研究发现，将数据组合起来，检验假设和/或理论结构，看它们是否能够解释（“吻合”）数据。尽管研究者可能无意中有偏差地解释自己的发现，但元分析只使用其所收集的数据，因而能够最小化偏差问题。而且，元分析所收集的具体研究案例千差万别，因此任何积极的、全面的结果，都不可能被归结为特定的方法论怪癖或特定人群样本。此外，一些关键的调节变量也可识别，它们影响可观察的变量关系幅度。我与其他同事一同进行了两项元分析（Rudolph，Roesch，Greitemeyer，& Weiner，2004）。

两项元分析分别关注助人和攻击，并对独立分析结果进行探索性比较。与最常用的元分析侧重于确定变量间关联幅度不同，我的主要意旨是监测动机变量间的因果关系，并检验归因论的动机序列模型。有研究者（Cook et al.，1992；Shadish，1996）对探索因果中介过程的方法进行了全面阐述。

从方法论的角度考察归因动机论的解释，因果信念和情感具有**中介变量**或中介构念的地位。也就是说，它们是“焦点自变量能够影响相关因变量的生成机制”（Baron & Kenny，1986，p. 1173）。在这种情况下，结果（如失败）、事件（如越轨）或状态（如污名）是自变量，而随后的可控性感知、责任推断、愤怒和同情的情感是影响行为结果（如助人和攻击）的中介变量。

有学者（Shadish，1996）发现，中介变量常与**调节变量**混淆，后者代表“一个影响自变量与因变量，或预测变量与标准变量间关系方向或强度的定性（如性别、种族、阶级）或定量（如奖励等级）变量”（Baron & Kenny，1986，p. 1174）。在使用元分析程序对提出的因果思想—情感—行为序列进行分析之外，我们还检验了一些潜在的调节变量。因为动机归因论偶尔会因局限于思想实验的数据而非“真实”的数据遭受批评（例见 48
Enzle & Shopflocher，1978），我们对作为潜在调节变量的研究类型充满兴趣。为了普遍性或概括性，结果模式不能局限于特定研究范式，例如通过思想实验获得模拟数据。原因在于思想实验可能激发控制性的加工过程，从而滋养被试的逻辑推理。而动机性行为可能是由直接或自动的加工过程所引导，而非像理论所描述的或由思想或模拟实验所发展出的序列那样理性（见 Lerner，2003）。由于纳入元分析的几项研究提供了“真实”情境中的行为数据，我们将能够检测模拟数据与真实事件数据间是否存在差异。

以下关于助人和攻击的元分析，采用了同样的程序和分析类型。我仅在对助人行为的元分析中提及研究方法论，在对攻击行为的元分析中只提及必要细节。

纳入标准

纳入本元分析的研究标准有三：（a）研究要有归因变量（即可控性、责任）；（b）至少有一个情感和/或行为变量，以愤怒和同情作为可能情感，以助人或攻击相关变量作为可能行为；（c）在这些变量中，至少有两个变量间存在一阶相关或原始相关。在报告其他类型的统计数据时，联系主要研究者获取一阶相关数据。

文献检索

相关文献检索分为三步。首先，通过对 PsycLit 数据库进行计算机扫描，建立一套完备的关键词及其组合库。助人和攻击行为有三组相关变量，即认知、情感和行为。就助人而言，相应关键词包括作为认知变量的责任与可控性、作为情感测量的愤怒与同情，以及作为行为变量的助人和社会支持。因此，有些研究已被排除，如助人被视为义务且独立于受助者
49 的特质，或责任与个人角色而非因果信念相关，因为这些研究超出了归因动机论的视域。就攻击而言，行为测量采用攻击、报复和暴力作为关键词，认知和情感变量采用的关键词与助人情境相同。然后对至少两组变量的所有可能组合进行检索（如组合检索“可控性”与“助人”，或“责任”与“报复”）。

其次是检查被检索文献的引用状况，识别了约 1 800 篇论文。然后人工搜索摘要，提取相关研究。以此方式，潜在可用的研究案例数大大减少。其中经验研究案例少于 20%，其余均为没有原始数据的理论论文。

最后是联系前两个步骤所确定的所有论文的主要作者，向其寻求相关未发表的或在投的论文手稿。

最终符合上述标准的助人相关研究有 39 项，攻击相关研究有 25 项。参与助人研究的被试总数为 7 945 人，平均每项研究 204 人。参与攻击研究的被试总数为 4 598 人，平均每项研究 184 人。因此，超过 12 000 名被试数据被纳入分析。

研究分类

在对助人和攻击的元分析中，5 个描述性变量被编码并用于调节分析：(a) 文化类型，对比独立文化（如美国、德国）和互依文化（如日本、尼日利亚）；(b) 研究类型（如实验模拟、自传体回忆、真实事件参与）；(c) 样本类型（如儿童、社区居民和大学生）；(d) 研究实施的年份（基于平均分布）；(e) 发表状况（已发表或未发表）。表 2.1 和表 2.2 展示了对这些调节变量的详细分类，以及每个独立研究的原始相关系数。就助人元分析，我们提出一个额外的调节变量：需要帮助的群体类型（污名化、非污名化）。

50

表 2.1　助人研究元分析概览

序号	作者	研究	发表	人数	被试	诱发刺激	助人测量	C－S	C－A	C－H	S－H	A－H	S－A
1	Meyer & Mulherin, 1980	1	1	80	加拿大学生	8个需要钱的原因	自我报告意向	－.37	.64	－.14	.37	－.65	
2	Weiner, 1980a	3	1	28	美国学生	地铁中的醉酒者和病人	自我报告意向	－.77	.55	－.37	.46	－.71	－.17
3	Weiner, 1980b	2	1	116	美国学生	需要课堂笔记	自我报告意向	－.54	.36	－.41	.59	－.49	
4	Reisenzein, 1986	1	1	138	美国学生	需要课堂笔记，地铁帮助	自我报告意向	－.49	.51	－.44	.45	－.43	－.71
5	Schmidt & Weiner, 1988	1	1	496	美国学生	需要课堂笔记	自我报告意向	－.64	.35	－.29	.47	－.58	
6	Weiner, Perry, & Magnusson, 1988	1	1	59	美国学生	10种不同污名（各类疾病）	自我报告意向	－.55		－.39	.63		
7	Weiner & Graham, 1989	1	1	370	美国公民（5～95岁）	多种需要帮助的情境（可控对不可控）	自我报告意向	－.56	.52	－.26	.38	－.35	
8	Betancourt, 1990	1	1	156	美国学生	学校问题	自我报告意向	－.40		－.43	.45		
9	Betancourt, 1990	2	1	61	美国学生	学校问题	自我报告意向	－.33		－.15	.39		
10	Sharrock, Day, Qazi, & Brewin, 1990	1	1	34	美国医务人员	对病人的帮助行为	自我报告意向	－.31	－.23	.29			
11	Graham & Weiner, 1991	1	1	370	美国社区样本	排队情境	自我报告意向	－.56	.52	－.26	.38	－.40	
12	Karasawa, 1991	1	1	180	美国学生	学业落后	自我报告意向	－.51	.33		.32	－.34	
13	Kojima, 1992	1	1	112	日本学生	外借课堂笔记	自我报告意向	－.71	.61	－.47	.51	－.61	－.70
14	Matsui & Matsuda, 1992	1	2	100	日本学生	外借课堂笔记	自我报告意向	－.51	.61	－.52	.53	－.52	－.36
15	Matsui & Matsuda, 1992	2	2	80	日本学生	外借课堂笔记	自我报告意向	－.42	.57	－.38	.54	－.65	
16	Zucker & Weiner, 1993	1a	1	122	美国学生	贫困问题中的个人经济帮助	自我报告意向	－.31	.44	－.28	.60	－.45	－.44

51

续表

序号	作者	研究	发表	人数	被试	诱发刺激	助人测量	C－S	C－A	C－H	S－H	A－H	S－A
17	Zucker & Weiner, 1993	1b	1	122	美国学生	贫困问题中的福利决策	自我报告意向			－.39	.43	－.34	
18	Zucker & Weiner, 1993	2a	1	47	美国学生	贫困问题中的个人经济帮助	自我报告意向	－.53	.17	－.61	.77	－.19	－.26
19	Zucker & Weiner, 1993	2b	1	47	美国学生	贫困问题中的福利决策	自我报告意向			－.56	.79	－.32	
20	Betancourt, Hardin, & Manzi, 1995	2	1	126	美国学生	学校中需要帮助	自我报告意向	－.20	.06		.40	－.09	
21	Menec & Perry, 1995	1	1	249	加拿大学生	各种污名（各类疾病）	自我报告意向	－.46	.78	－.35	.34	－.31	－.22
22	Sunmola, 1994	1	1	414	尼日利亚社区样本	向政府提供帮助	自我报告意向	－.29	.27	－.27	.31	－.35	－.27
23	Menec & Perry, 1998	1	1	133	加拿大学生	各种污名（各类疾病）	自我报告意向	－.60	.62		.46	－.19	－.25
24	George, 1997	1	2	279	美国学生	朋友的学业问题	实际行为	－.26	.45	－.16	.25	－.09	－.21
25	Menec & Perry, 1998	2	1	137	加拿大学生	各种污名（各类疾病）	自我报告意向	－.31	.63		.51	－.13	－.18
26	Dagnan, Trower, & Smith, 1998	1	1	40	美国医护人员	有学习障碍的人	自我报告意向	－.42	.52	－.25	.25	－.53	－.40
27	George, Harris, & Price, 1998	1	1	537	社区样本	朋友的学业问题	实际行为	－.29	.49	－.19	.32	－.05	－.22
28	Dijker & Koomen, 2003	1	2	143	荷兰学生	各种污名（各类疾病）	自我报告意向	－.57	.63	－.58	.56	－.47	－.34

续表

序号	作者	研究	发表	人数	被试	诱发刺激	助人测量	C－S	C－A	C－H	S－H	A－H	S－A
29	Steins & Weiner, 1999	1	1	281	美国/德国学生	艾滋病感染	自我报告意向	－.39	.21	－.20	.51	－.15	－.32
30	Watson & Higgins, 1999	1	2	217	加拿大学生	各种污名（各类疾病）	自我报告意向	－.38	.59	－.20	.33	－.06	－.26
31	Yamauchi & Lee, 1999	1	1	171	日本学生	道德困境	自我报告意向	－.27	.40	－.11	.27	－.13	－.28
32	Zucker, 1999	1	1	161	美国社区	意外怀孕	自我报告意向	－.23	.20	－.05	.37	－.15	－.33
33	Rudolph & Greitemeyer, 2001	1	2	766	德国学生	对助人的自传体回忆	回忆行为	－.15	.27	－.11	.35	－.04	－.03
34	Rudolph & Greitemeyer, 2001	2a	2	210	德国社区	对助人的自传体回忆	回忆行为	－.32	.58	－.19	.35	－.20	－.26
35	Rudolph & Greitemeyer, 2001	2b	2	210	德国社区	对助人的自传体回忆	回忆行为	－.36	.63	－.15	.34	.01	－.32
36	Greitemeyer & Rudolph, 2003	1	2	204	德国学生	社会场景和成就场景中需要帮助	自我报告意向	－.32	.61	－.16	.40	－.22	
37	Greitemeyer & Rudolph, 2003	2a	2	150	德国学生	社会场景和成就场景中陌生人需要帮助	自我报告意向	－.29	.35	－.01	.39	－.12	－.12
38	Greitemeyer & Rudolph, 2003	2b	2	150	德国学生	社会场景和成就场景中家人需要帮助	自我报告意向	－.48	.71	－.29	.47	－.35	－.42
39	Greitemeyer et al., 2003	1	2	649	德国学生	车祸后的个人帮助	自我报告意向	－.42	.60	－.11	.54	－.02	－.30

注：“研究”标明所分析的实验序号。“发表”中，1＝已发表，2＝未发表或已投稿。C＝可控性/责任，S＝同情，A＝愤怒，H＝助人/亲社会行为。这里报告的是一阶相关系数。

资料来源：Rudolph et al., 2004, p. 824.

表 2.2　攻击研究元分析概览

序号	作者	研究	发表	人数	被试	诱发刺激	助人测量	C－S	C－A	C－V	S－V	A－V	S－A
1	Zumkley，1981	1	1	75	德国学生	报复意向	自我报告意向		.34				
2	Johnson & Rule，1986	1	1	100	美国学生（仅男性）	对同事侮辱的反应	自我报告意向					.27	
3	Vala，Monteiro，& Leyens，1988	1	1	258	葡萄牙学生	对暴力的认知	自我报告意向			.48			
4	Betancourt & Blair，1992	1	1	154	美国学生	对掷石比赛的认知	自我报告意向	－.33	.27	.32	－.44	.47	－.35
5	Graham，Hudley，& Williams，1992	1	1	88	美国儿童	攻击性/非攻击性儿童对模糊事件的认知	自我报告意向		.51	.33		.41	
6	Graham & Hoehn，1995	3	1	86	美国儿童	对模糊事件的认知	自我报告意向	－.44	.28	.27	－.51	.63	－.51
7	Higgins & Watson，1995	1	2	56	美国学生	报复意向	自我报告意向		.51	.31		.39	
8	Ho & Venus，1995	1	1	203	美国社区样本	对杀死配偶的被家暴女性的反应	回忆行为			.48			
9	Stiensmeyer-Pelster，1995	1	2	465	德国学生	攻击性学生和非攻击性学生的报复意向	自我报告意向		.52	.62		.59	
10	Thompson，Medvene，& Freedman，1995	1	1	130	65 对美国情侣	心脏病患者及其丈夫/妻子	回忆行为					－.39	

续表

序号	作者	研究	发表	人数	被试	诱发刺激	助人测量	C－S	C－A	C－V	S－V	A－V	S－A
11	Feather，1996	1	1	220	澳大利亚社区样本	对处罚的反应	自我报告意向	－.33				.50	.46
12	Feather，1996	2	1	181	澳大利亚社区样本	对处罚的反应	自我报告意向	－.32				.74	.31
13	Allred，Mallozi，Matsui，& Raia，1997	1	1	132	66 对美国同性情侣	协商表现（雇员角色对雇主角色）	自我报告意向	－.50	.50	－.03			
14	Byrne & Arias，1997	1	1	132	66 对美国情侣	婚姻满意度和婚姻暴力	回忆行为			.45			
15	Graham，Weiner，& Zucker，1997	1	1	177	非裔美国人和白人	对 O. J. 辛普森的反应	自我报告意向	－.42	.12	.49	－.50	.15	－.30
16	Graham，Weiner，& Zucker，1997	2	1	166	美国学生	对 O. J. 辛普森的反应	自我报告意向	－.45	.57	.55	－.52	.47	－.21
17	Stiensmeyer-Pelster & Gerlach，1997	1	1	219	德国儿童	攻击性和非攻击性儿童的报复意向	自我报告意向		.57	.39		.46	
18	Rodrigues & Lloyd，1998	4	1	190	美国学生	成就结果（好和坏）后的依从	自我报告意向		.48	.37			
19	Wingrove & Bond，1998	1	1	23	英国学生	对合作类游戏失败的愤怒反应	回忆行为		.50			.37	
20	Watson & Higgins，1999	1	2	217	加拿大学生	四种污名	自我报告意向	－.15	.82	.45	.01	.46	－.04

56

续表

序号	作者	研究	发表	人数	被试	诱发刺激	助人测量	C－S	C－A	C－V	S－V	A－V	S－A
21	Rudolph & Greitemeyer, 2001	1	2	56	奥地利学生	对攻击性事件的自传式回忆	回忆行为	－.42	.39	.34	－.42	.58	－.43
22	Rudolph & Greitemeyer, 2001	2	2	766	德国学生	对攻击性事件的自传式回忆	回忆行为	－.06	.57	.43	－.07	.52	－.06
23	Greitemeyer & Rudolph, 2003	1	2	204	德国学生	在社会和成就情境中的报复意向	自陈意向	－.24	.72	.68	－.34	.76	－.22
24	Greitemeyer & Rudolph, 2003	2a	2	150	德国学生	关于陌生人的报复意向	自陈意向	－.68	.77	.77	－.69	.85	－.73
25	Greitemeyer & Rudolph, 2003	2b	2	150	德国学生	关于家庭成员的报复意向	自陈意向	－.56	.65	.57	－.47	.77	－.52

注：“研究”标明所分析的实验序号。“发表”中，1 = 已发表，2 = 未发表或已投稿。C = 可控性/责任，S = 同情，A = 愤怒，V = 暴力/攻击。这里报告的是一阶相关系数。

资料来源：Rudolph et al.，2004，p. 828.

为了检验归因动机论所预测的助人和攻击中的变量关系，我们重点关注和比较了两种路径模型（见图 2.2）。模型 1 明确了从可控性/责任（以下称控制）到同情和愤怒的直接路径。此外，也假设了从同情和愤怒到助人（或攻击）的直接路径。到目前为止，本书中的模型 1 胜出。除纳入从控制到行为的直接路径外，模型 2 与模型 1 相同。我们通过比较模型 1、模型 2 与数据的拟合度，评估该路径的必要性。结果发现两者拟合度无显著差异，说明模型同等有效。因此，更简洁的模型（本例中为未纳入控制—行为路径的模型 1）将是“最佳拟合”模型（见 Bollen，1989），因为它在构念间的特定关系更少。而如果结果存在显著差异，那么数据拟合更好的模型将更准确地代表数据。我们也考察了另外两个模型，许多研究没 58

57

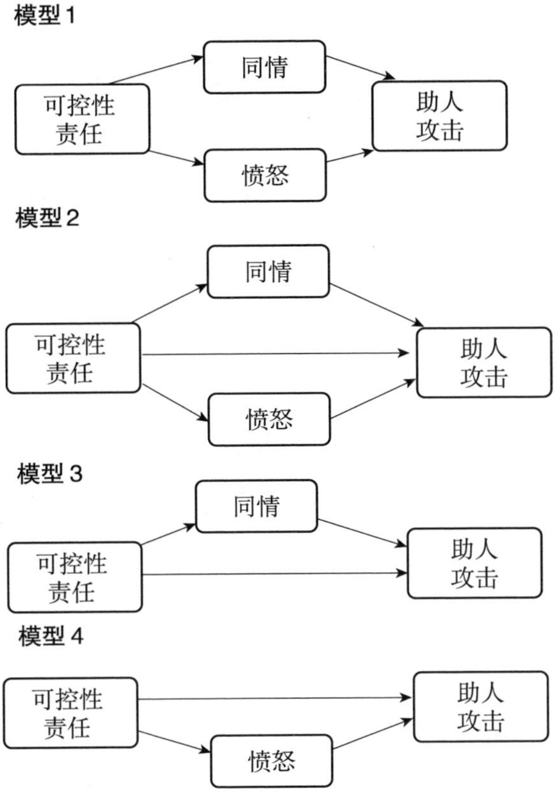

图 2.2　检验助人和攻击决定因素的四个模型

资料来源：Rudolph，Roesch，Greitemeyer，& Weiner，2004，p. 833.

有同时评估两种情感，因此这两个模型只包含一种情感。与模型相关的数据如下，但不做进一步讨论。我们还考虑了三个从情感出发的非预测模型，以检验对数据的替代性解释（例如情感—思想—行为，或具体而言，愤怒和同情—可控性和责任—助人）。最后，在初始路径分析后，我们在前述调节变量的层次上对所有模型进行检验。

助人结果

根据表 2. 1 中的数据，可计算控制、同情、愤怒和助人间相关系数的均值。表 2. 3 上半部分呈现了这些相关的置信区间（CI）。由表可知，当需求可控时，同情减少（r = −. 45），愤怒增加（r = . 52），助人减少（r = −. 25）。此外，同情与助人呈正相关（r = . 42），愤怒与助人呈负相关（r = −. 24）。因此，助人与更低的控制、更高的同情和更低的愤怒有关。因为这种关系构型完全符合理论预测，我将之称为**预测数据模式**（Predicted Data Pattern）。

随后对模型 1、模型 2 和路径的拟合度进行评价。各模型的路径系数或关联程度见表 2. 4 上半部分。模型 1 和模型 2 都非常符合数据。首先，在这两个相关模型中，控制—同情路径系数为负（β = −. 45），控制—愤怒路径系数为正（β = . 52），即更高的控制与更低的同情、更高的愤怒相关。其次，同情—助人路径为正（平均 β = . 38），愤怒—助人路径为负（平均 β = −. 08），即更高的同情、更低的愤怒与更高的助人相关。最后，模型 2 中控制—助人路径为负（β = −. 05），揭示出更高的控制导致更少的助人。但这一路径系数都较同情—助人和愤怒—助人的路径系数更小。

59 **表 2. 3　可控性、同情、愤怒和助人行为与攻击行为间的总加权相关**

	同情			愤怒			行为		
	r	CI	*N*	*r*	CI	*N*	*r*	CI	*N*
助人									
控制	−. 45	−. 43/ −. 46	7 416	. 52	. 50/. 54	7 140	−. 25	−. 23/ −. 27	6 840
同情				−. 39	−. 37/ −. 42	5 484	. 42	. 40/. 44	7 382
愤怒							−. 24	−. 22/ −. 26	6 800

续前表

	同情			愤怒			行为		
	r	CI	*N*	*r*	CI	*N*	*r*	CI	*N*
攻击									
控制	-.35	-.32/-.39	2 509	.61	.59/.63	4 448	.49	.47/.52	3 719
同情				-.31	-.28/-.35	1 976	-.44	-.41/-.47	2 377
愤怒							.56	.54/.58	3 458

注：变量高分反映出更高的控制、同情、愤怒和行为（助人、攻击）。所有相关均在 $p < .001$ 上显著，CI 指置信区间。

资料来源：Rudolph，Roesch，Greitemeyer，& Weiner，2004，p. 835.

表 2.4　助人和攻击模型的路径系数

	模型 1	模型 2	模型 3	模型 4
助人模型				
控制—同情	-.45*	-.45*	-.45*	—
控制—愤怒	.52*	.52*	—	.52*
控制—助人	—	-.05*	-.08*	-.15*
同情—助人	.39*	.37*	.39*	—
愤怒—助人	-.09*	-.07*	—	.17*
攻击模型				
控制—同情	-.35*	-.35*	-.35*	—
控制—愤怒	.61*	.61*	—	.61*
控制—攻击	—	.17*	.38*	.24*
同情—攻击	-.30*	-.27*	-.31*	—
愤怒—攻击	.48*	.38*	—	.42*

注：—表示不是目标模型成分；* 表示 $p < .05$。

资料来源：Rudolph，Roesch，Greitemeyer，& Weiner，2004，p. 836.

为检验删除控制—助人路径是否会导致整体模型拟合度下降，对比模 60
型 1 和模型 2 的拟合度，发现不会导致模型拟合度显著降低，即在统计上消除控制和助人间关系不会削弱模型预测数据的能力。所以模型 1 因更简洁而“更好”。总之，两个模型都符合理论预期，但模型 1 更为简洁，需要的路径较模型 2 少，因此被认为是两个模型中更好的一个（比较的更多细节见 Rudolph et al.，2004）。如前所述，这一选择反映出理论评价的一个基本标准：假设关联越少，理论越容易被接受（在其他条件相同情况下）。

检验其他 3 个由情感引发的非预测模型的拟合度，发现数据拟合较差。

也就是说，描述这些数据的动机序列不会将情感置于思想之前。

调节分析 在每一级调节变量的水平上（例如文化类型、研究类型、样本类型、研究年份、发表情况、需要帮助的群体）对两个目标模型进行检验，没有发现任何差异。这些模型的路径系数与前面提及的整体模型的路径系数相似。如前所述，对研究类型的调节分析具有特别的指导意义。如表2.5（上半部分）所示，路径间没有因为研究类型（模拟、自传体回忆、真实事件参与）不同而产生差异。此外，不论是模拟还是真实事件数据，其系数的方向和强度都符合模型1所示的社会行为论。因此，验证结果不限于模拟数据或“思想实验”，亦适用于对真实事件的分析。在展示与攻击行为相关的发现后，将进一步检验助人行为。

攻击结果

控制、同情、愤怒和攻击间的相关关系见表2.3的下半部分。所有相
61 关关系都符合预测数据模式。也就是说，攻击性越大意味着控制力越强（$r=.49$），同情心越少（$r=-.44$），愤怒越多（$r=.56$）。

利用表2.3下半部分的相关关系，检验模型1、模型2的拟合度及其路径。模型的路径关系见表2.4的下半部分。拥有控制—攻击路径的模型2与缺失该路径的模型1均有较好的拟合度。为检验删除控制—攻击路径是否会降低整体模型拟合度，比较模型1和模型2。与助人结果相反，删除控制—攻击路径导致模型拟合度显著降低。因而拥有从思想到行为补充路径的模型2能更好地代表数据。

与助人元分析相同，我们也评估了之前指定的其他3个可能解释控制、同情、愤怒和行为间关系的模型。但无一适合。

总之，结果表明控制的归因，及愤怒和同情的情感，都是攻击的近端
62 决定因素（见模型2）。此外，控制直接与愤怒和同情相关，并通过这两个情感变量与攻击间接相关。即控制直接或间接地影响攻击。

调节分析 在5个调节变量的每个层级检验两个目标模型，并未发现任何差异。两个模型的路径系数都与前面提出的总体模型路径系数相似。对于标为调节变量的研究类型（模拟、自传体回忆和真实事件参与），路

径系数见表 2.5 下半部分。除同情—攻击路径外，关系强度非常相似。因此，与助人研究的情况一致，这些发现并不限于想象的行动过程。相反，以“真实”行为为因变量的社会行为归因论得到了强力支持。

表 2.5　　模型 1：调节分析的路径系数

	模拟研究	真实事件研究
助人		
控制—同情	−.47*	−.37*
控制—愤怒	.54*	.45*
控制—助人	−.07*	.01
同情—助人	.40*	.28*
愤怒—助人	−.04*	−.12*
攻击		
控制—同情	−.40*	−.28*
控制—愤怒	.63*	.56*
控制—攻击	.19*	.18*
同情—攻击	−.31*	−.13*
愤怒—攻击	.34*	.42*

注：* 表示 $p < .05$。就助人而言（模型 1），包括 25 项模拟数据研究和 6 项真实事件数据研究。就攻击而言（模型 1），包括 15 项模拟数据研究和 6 项真实事件数据研究。

资料来源：Rudolph，Roesch，Greitemeyer，& Weiner，2004，p. 837.

助人与攻击模型比较

亲社会行为和反社会行为似乎能以同一概念框架来进行解释。一些哲学家也提出这一论断，如未能帮助受伤的他人与伤害他人，都会使个体处于相同境地（见 Waldron，2003）。因此，这些行为应当遵从相同规则。数据在何种程度上支持这一论断？答案是：视情况而定。这取决于是整体分析还是部分分析，抑或说焦点在于最普遍的法则还是普遍法则的修正实例。

在整体水平，行为可被视为认知和情感的函数。这为勒温（Lewin，1935）的宏大理论即行为是人和环境的函数，提供了一个（众多之一）替代方案。这一法则更为精确的范型是：思想是动机性行为或目标寻求行为的远因，而情感则是近因。这一原则得到部分支持——情感的确在助人和攻击中都是近端因素。然而，思想（即对原因控制和责任推断的感知）是助人的远端决定因素，却对攻击产生近端影响。这些发现的另一种表达方式是：攻击较助人有更多的直接归因决定因素，敌意反应是大脑和心脏的直接产物，而助人只与心脏直接相关。在这些发现的引导下，人们发现试图通过引发（“滥好人”的）同情和减少愤怒来募集慈善基金是最有效的
63 方法，而减少攻击则依靠直接诉诸理性和/或情感（见 Lerner，Goldberg，& Tetlock，1998）。这意味着说服一个人放弃攻击较放弃亲社会反应会更容易。

原因何在？姑且沉思。且如后所述，对于助人和攻击与不同动机序列相关的论断的确定性与普遍性，我们必须非常谨慎。一方面，大部分助人或社会支持可能对自我影响相对较小（除偶尔极端的个人牺牲）。开车送朋友去机场、借出 10 美元或帮别人带包裹，这些都不会大大损害个人的健康幸福（well-being）。另一方面，微弱的攻击性报复也可能带来巨大代价。总之，目标对象的猛烈反击可能是因为个体已经采取了敌意行为。因此，在敌意情境中，作为近端决定因素的思想有助于个体生存。

另一个重要问题是两个动机域中的关系幅度。从归因视角看，助人和攻击谁更容易预测？即哪个领域“更适合”归因解释？为审视这个难题（并对统计要求做一些自由处理），可对助人元分析中同样有效的模型 1、2 与攻击元分析中的模型 2 进行拟合度比较。结果表明，攻击元分析中模型 2的各项指标较助人元分析中的模型 1、2 的拟合度更高。这意味着模型 2 对攻击行为的解释能力，高于模型 1、2 对助人行为的解释能力。

因此可推论，在归因—情感框架外，助人较攻击有更多决定因素。当他人寻求帮助时，自然会引发归因问题，如：“他为什么求助？”然而，此外还存在一些与归因无关的不确定性问题，包括：“这个人是我的亲戚吗？”“我有无余钱用于帮助？”“他的需求有多大？”因此非归因因素似乎在助人中发挥重要作用。而一旦某人被攻击，他的后续行为很可能受归因相关问题所引导，例如：“他为什么打我？”“他是故意的吗？”也就是说，推断出的伤害意向及其产生的愤怒，很可能对攻击性报复产生显著或全面影响，较与助人相关的归因及归因相关情感影响更甚。当然还有许多其他

推测性解释；为何助人和攻击会有不同的归因解释，这显然需要更多研究 64
和理论洞见。

最后，尽管被试人数极为庞大，研究千差万别，且论断的直觉逻辑均支持这些发现，但我仍规劝各位对这些复杂的问题，不应过早得出结论。结局未定，寻找直接原因和间接原因，可能得依靠许多尚未确定的变量（我将在本章介绍其中一个）。

前文表明，助人和攻击存在许多归因论范围外的决定因素。它们也可能通过可控性感知和/或愤怒与同情施加影响。当然，必须对此类论断保有余地。我也不认为所有（或大部分）其他解释变量可与归因论的概念相联系。尽管如此，这种可能性还是值得思考。众所周知，在助人情境中，遗传相关性会提升帮助倾向。这可能是因为亲属对不幸状态或事件的责任较非亲属更小，这解释了为什么会向需要帮助的亲属提供更大帮助（见 Greitemeyer，Rudolph，& Weiner，2003）。也有证据表明积极心境会增加助人行为。助人可能是由积极心境所促进，因为责任感知有利地偏向受助方，受助方被认为对自身的困境负有更少的责任。而在攻击情境中，有丰富证据表明攻击在夏季最为强烈。可能炎热天气会使个体高估他人的消极意向和/或更容易产生愤怒，这就解释了温度与攻击的关系。由此，在大量的（当然并非全部的）助人和攻击文献中，可进行重新解释的游戏（如寻找与归因相关的中介变量）。然而，如前所述，这只是谨慎建议。我并不断言其他变量在归因—情感—行为序列中只是远端前因。

剩下的核心问题是，这里所提倡的完整理论及其顺序安排能否在其他动机行为域进行应用和检验。最明显的就是成就领域，归因论在理解对他人成败的反应中发挥重要作用。不幸的是，与助人和攻击领域有大量数据不同，在成就领域，并没有足够的实证文献能包含所提出的动机序列的所有阶段，以验证这种可能性。大量研究只抓住了变量间一两个相关联系——例如：努力不足较能力不足被视为更可控；与能力不足相比，作为
失败原因的努力不足引发更多愤怒和更少同情；与能力不足相比，作为失 65
败原因的努力不足受到更多负面评价（见 Weiner，1985a，1986；第一章）。因此，尽管在成功和失败情境中并未实施过包含归因、情感和评价

反应的研究，但未来的研究可能发现和表 2.3 和表 2.4 同样的关系模式（是否需要控制—行为路径，还不确定；见 Van Overwalle，Mervielde，& De Schuyter，1995）。

文化差异

心理学家或教育学家在发展理论时，少有（如果有的话）将其适用性限定于特定文化、族群或历史阶段。也许由于认知发展，某理论可能无法被期望能适用于更年幼的孩子（例如不会认为偏见理论适用于婴儿）。也可能某理论只适用于一种性别（例如早期成就理论含蓄地排除了女性，部分原因是成就需要测量对其无效）。但就大部分我熟悉的理论而言，人口或社会文化约束都被忽视，也没有被设定或预期。甚至在近期，当动机研究对象是小白鼠时，也几乎没有意识到普遍性难题。应当如此吗？人类动机论，尤其是我的归因动机论，是否需要进行基本修正以融合多元族群和文化？

假设我主张动机部分取决于对目标达成的期望。因此我预测，当对成功的主观期望或目标实现的可能性为零时，个体不会从事该类活动。我可能认为这一原则不适用于婴幼儿，因为他们缺乏构造手段-目的关系和期望的认知能力。但我不会声称我的观点仅适用于白人男性，而排除非裔美国人、亚裔、女性和其他。类似地，如果我相信苏格拉底的方法能使学习效率最大化，那么我就不太可能将这一观点限定在特定种族或社会阶层。苏格拉底没有这么做，因为他也同米诺的下层希腊奴隶对话。但也许归因理论家的生活更为复杂。当我盲目而愉快地应用这一概念系统时，我还没有意识到文化、环境和个人经历的多样性。

归因动机论是否适合不同文化（和个体）？我的立场可总结如下。本
66 理论的基本框架——其概念体系和动机序列顺序——在我大脑中根深蒂固，几乎牢不可侵。这些概念有希望把握住通用的“深层结构”。而文化、人口、个人经历等因素，决定了这些概念的具体操作化定义，例如什么是积极或消极结果。此外，文化可能影响用什么信息来确定因果关系、哪些

原因最突出、原因被放置在哪个维度空间等。因此，构念的前因（决定要素）可能因文化和个体而异。归因论接纳现象学，而构念有其主观界定和意义。例如，在一种文化中，成功被定义为收获大量番薯；而在另一文化中，成功则是获得企业领导权。类似地，考试拿 B，对某个体而言已经算作成功，但对另一个体而言则是失败。对部分文化和部分个体而言，原因搜索始于内因；而对其他人而言，寻求理解始于外因。在某些情况下，积极事件或结果的原因被认为是上帝恩惠；也有他人推断成功的主要原因是天生能力。总之，归因内容是特定具体的，而归因过程及理论结构则是普遍的，超越具体实例。

除了影响特定构念的前因或操作化，文化和个人经历有时也在归因动机论中作为特定关联的调节变量。如前所述，努力不足是个人可控的，由此导致的失败将引发愤怒，谴责和惩罚随之而来。但与某些文化（如美国）相比，部分文化（如日本）认为成就结果更可控，且更认可努力是成功关键。因此，日本教师可能比美国教师更强调努力的重要性，并惩罚不思进取的行为。由此，个人特质和/或群体信念可能作为特定关系的调节变量。但调节变量的存在，并未改变普遍理论的结构。

对肥胖之反应的族群差异

为阐明以上观点，可考察对肥胖之反应的文化差异。研究发现，与美国人相比，墨西哥人对肥胖的消极反应更低（Crandall & Martinez，1996）。与美国白人相比，墨西哥人更少将超重污名化、“有罪”化。克兰德尔（Crandall，1995）发现一些意识形态保守的美国人为了惩罚超重的女儿，
甚至不支付其上大学的学费。有许多概念体系可探究这种文化差异。但我 *67*
基于归因论的动机序列逻辑来考察这种文化差异。

肥胖被美国人视为源于暴饮暴食和锻炼过少（见表 1.2），是生活方式之病态。这些都是可控原因，因为个体可以选择少吃多动。也就是说，肥胖的原因及其后果“本可不必如此”。可控性感知提升了肥胖人群（如女儿）应对自身“失败”状况负责的推断。而这又将激发愤怒。愤怒和责任推断（无论直接间接）导致反社会的回应，如某种形式的惩罚（扣留大学

学费）。图 1.4 上半部分展示了这一分析（当然也存在不提供金钱支持的其他解读，包括不涉及道德反应的解释。例如，人们可能认为肥胖者不会成功，因而不提供资金是预期的中介变量而非道德的中介变量。这里我忽略此类或其他可能的数据解释）。

但墨西哥人对肥胖的反应不如美国人消极。如何以归因论解释？更广泛地，归因论如何处理文化多样性和族群间反应差异？同样按照本理论的动机序列逻辑，我提出以下可能的答案：

1. 墨西哥人并不将肥胖定义为“失败”。也就是说，苗条不是他们追求的目标，或者他们定义“肥胖”的体重标准比美国人更高。因此，在墨西哥人中，“肥胖”的女儿不会激活归因过程，也不会引发责任推断、负面情感及相关行为。
2. 墨西哥人将肥胖定义为“失败”，但感知到的原因是外部或不可控的，而非内部且可控的。如感知到的原因可能是贫穷、缺少关于超重不利后果的教育、缺乏时间进行锻炼和其他健康活动等等。因为肥胖的原因被视为外在于个体，所以不会引发责任分配、愤怒和责备。
3. 尽管墨西哥人和美国人感知到的原因相同（多吃少动），但与美国人相比，墨西哥人认为它的可控性更低，其结果如前所述。
68 4. 墨西哥人的可控原因引发愤怒和其他负面情感的可能性较美国人更低。也就是说，即使因果分析完全相同，他们的情感反应也更加温和。
5. 在愤怒情况下，墨西哥人做出妨碍教育的惩罚性反应的可能性较美国人更低。也许他们更直接以身体或语言表达愤怒。也就是说，不同文化表达愤怒的方式或途径不同。或者，可能在愤怒程度相同情况下，墨西哥人随后的攻击行为普遍没有美国人那么激烈。

文化，不仅改变了本理论中构念的操作性定义，还在本理论中的某些变量联系之间充当调节变量。再次重申，归因动机论的整体概念框架并不因族群而异：在两个族群中，均存在结果、前因、原因选择、维度位置、与责任感知有关的认知推断、引发的情感及行为反应。但文化和个体的多样性的确在理论框架中作为设想关系的调节变量存在。

本节开始我即声明，很少有理论家将自身理论限定于特定文化、时间、历史时期或性别。我可能会因这种短视而饱受指责。斯金纳曾嘲笑理论家在数据与理论的契合度尚不明确时，仍倾向于将数据强加进其理论中。我可能正是他的批判靶子之一（假设他知悉归因论，虽然这一假设并不合理）。

我确信归因动机论及其相关构念集，无须改变即可纳入文化差异。但对族群、文化、性别等进行比较时，必须谨慎假设。个人的成功可能是他人的失败；个人的原因信息对他人可能无关紧要；一个群体的重要原因可能被另一群体抛之脑后；等等。理论家必须警觉文化差异。但同样必须警觉的是将表型差异转化为基因型相似性，并发现普遍行为律。而这正是我的理论雄心，引导我的理智探险。

❖ 个体差异

正如不同文化对事件、结果或状态存在反应差异，同一文化的个体间也存在反应差异。美国人和墨西哥人对肥胖之反应的文化差异可整合在归因动机论中，无须进行概念修正。同一文化中的个体间差异亦如此。 69

要关注的首要问题是，什么样的个体差异会在事件（结果）—归因—情感—行为的设想序列中扮演调节变量。也许出发点是识别人口统计学变量，它们被认为会影响成就评价、对受污者的态度、助人、依从和/或与攻击，随后寻找归因、责任信念和/或与人口统计学范畴相关的情感。例如，大量文献表明女性（少数除外）较男性更可能帮助身处困境的人（如 Eagly & Crowley，1986）。归因论现在就可以用来处理人口统计学变量对行为的影响。归因论认为与男性相比，女性会做出更多不可控归因，更少认为身处困境的人需对困境负责，并/或对其表现出更多同情、更少愤怒。这些中介变量的差异解释了性别间的行为（助人）差异。也就是说，性别在归因论概念框架中起着调节作用，改变了其成分变量的幅度并/或影响中介关联的强度。有些文献支持这些所预期的性别差异（见 George，Carroll，Kersnick，& Calderon，1998；MacGeorge，2003）。因此，围绕性别组织本书这一部分将是一项卓有成效的工作。然而，所报告的发现并不足够（见 MacGeorge，2003），因此这个调节变量无法被详细检验，以厘清个体差异如何被纳入本理论中。

其次是寻找既定人格特质，并确认其是否在归因框架中起调节作用。例如，研究已经证实高威权主义人格特质者，强烈相信应当维护社会习俗。也许这类人也认为他人须对自身的越轨行为高度负责，以高度愤怒和极少同情为反应，并倾向于在适当情况下予以攻击、不予帮助。与威权主义，包括种族主义和宗教性相关的个体差异，可能也适用于类似的归因分析。然而，就这些个体差异而言，可以干净利落地应用于归因构念的数据并不容易获得。

而与责任推断相关的个体差异源于公平世界假说，它主张人们需要去相信其所处环境是正义有序的世界，其中善有善报、恶有恶报（Lerner &
70 Miller，1978）。公平世界量表（Just World Scale）可测量人们在责备受害人倾向上的个体差异。这可能是找寻个体差异以将其纳为本理论的调节变量的合理起点。但我这里不专注于公平世界概念，部分原因是已报告的数据并不一致（例见 Zucker & Weiner，1993）。

简而言之，存在大量与归因论相关的个体差异调节变量，然而已提及的变量均因数据的相对匮乏而无法深究。与前述的调节变量不同，与归因论明确相关的个体差异变量是政治意识形态。政治意识形态（自由主义对保守主义倾向）与威权主义、种族主义、宗教性和公平世界信念有一定关联。然而，它与上述概念不同，已经累积出独立、广泛且系统的研究文献。

选择政治意识形态作为典型的调节变量，主要理由在于，与性别差异类似，自由派和保守派在助人方面被证明有明显差异。斯基特卡（Skitka，1999，p. 793）总结道："对公众同情的支持，或使用集体资源帮助不幸的社会成员，似乎很大程度上取决于……意识形态……差异。自由派普遍支持，而保守派则反对增加社会项目的开支（Feather，1985；Kluegel，1990；Kluegel & Smith，1986；Sniderman & Tetlock，1986；Williams，1984）。"此外，增加公共支出（帮助穷人）的态度差异，是以两种意识形态群体对需求（贫困）原因的不同归因信念为中介的（Skitka，1999）。因此，她的立场可总结如下：

贫困 → 保守意识形态—保守派的归因—不予帮助
贫困 → 自由意识形态—自由派的归因—扩大帮助

以往，根据原因的可控性进行分类，将可控原因与责任相联系，并明确指出情感在因果关系感知与助人行为间起中介作用。因此，她的分析可阐述如下：

贫困 → 保守意识形态—归因：
穷人可控—有责—愤怒—不予帮助
贫困 → 自由意识形态—归因：
穷人不可控—无责—同情—扩大帮助

这些序列可组合成一个普遍动机命题： 71

意识形态
↓
需求（贫穷）—原因—原因可控性—责任—情绪—行为

基于这种概念分析，意识形态在需求与需求归因间起调节作用。也就是说，政治意识形态影响人们对社会现实，或对贫困归因的类型与强度的感知。然而，无论哪种意识形态，可控性归因、责任推断和情感都在需求（贫困）和引发的行为间发挥中介作用。当然，政治意识形态也可能发挥调节作用，如归因与责任感知之间（给定同样归因，作为意识形态函数的责任推断可能存在差异）。同样，意识形态还可能在责任与情感间起调节作用（同等责任水平下，情感体验的程度是不同的），甚至调节情感与行为间关系。但我的分析仅限于假设需求-归因联系受意识形态调节，而责任、情感和行动方面的预期差异，完全可以追溯到与因果信念相关的差异。

要为以上分析提供证据，首先必须证明意识形态的确与归因相关（这里只关注贫困归因）。下文中，我将展示两个范例，以阐明政治意识形态在整体动机序列中的角色。但我的目标不是完备评论这些关联文献，而是刻画如何将个体差异整合进归因动机论中。

政治意识形态与贫困归因

有许多描述性研究调查了人们对各种事件或结果的原因感知，例如成就失败、精神疾病、犯罪等（见 Weiner，1986）。其中就有对贫困的原因感知的调查。费金（Feagin，1972）率先系统地探究了这一问题，并构建了原因分类系统。在自由反应测量的基础上，费金确定了对贫困的 11 种主要原因感知，并将其分为三类。第一类为个体主义解释，如懒惰、自我放
72 纵，它将贫困的责任归结于穷人自身（内在且可控）。第二类为结构性解释，如没有工作、低工资，它主张经济和社会因素须对贫困负责（对穷人而言外在且不可控，但可为政府控制）。第三类为宿命论解释，如命运和不幸（外在且任何人都不可控）。

尽管大多数美国人将贫困归结于个人因素，并认同“美国梦”的可能性，但人口统计学变量对贫困的解释模式影响很大（见 Kluegel & Smith，1986）。跨文化比较也揭示了原因认定的差异，但费金识别的三种原因类型依旧常见（例见 Feather，1974）。

已经确定个体会进行贫困归因，贫困原因吻合三元分类系统，而原因感知则千变万化。那么，政治意识形态是不是这种多样性的决定因素之一？但首先要探究的是：为什么会如此？究竟是政治意识形态的什么要素激发了不同的贫困归因？对此，已有一些解释。其中一种解释认为：“究其根源，每种意识形态都预设因果本质、原因来源和解释复杂事件的适当方式。”（Lane，1962，p. 318）拒斥社会变革、珍视美国资本主义体制的保守派，不会将贫困归因于既定制度或结构性原因。这种归因意味着既定体制需要修正。相反，保守意识形态的核心信念在于努力工作才能出人头地，且个人应对其生命尽责。因此，保守派很可能将贫困归咎于穷人自身。这种归因也合理化了美国社会的贫富不均（“这是他们自己的错”）。

而自由派却不赞许这一霍雷肖·阿尔杰式的因果解释。他们赞同改变当前制度，并将贫困原因置于社会层面。这促进了社会变革，并坚定了他们的信念，即当前贫富不均不应当且不正义。因此，与保守派一样，自由派所认定的是维护自身价值系统的原因。

而莱考夫（Lakoff，1996）则对因果信念的意识形态差异提供了替代的隐喻解释。他将保守主义与自由主义依次隐喻为父亲与母亲，前者作为严格的纪律执行者，而后者作为无条件的慈爱与关怀源泉。父亲（保守主义意识形态）期许孩子努力工作，要求孩子们对自己的结果负责，奖励正 73
面行为，严厉惩罚任何不当行为。而母亲（自由主义意识形态）则在事情出错时提供安慰与呵护，无论原因为何。这些压倒一切的“共鸣”（见 Skitka & Tetlock，1993b），或信念与情感的并发症状，在一定程度上定义了自由主义者或保守主义者的意涵（另见 Skitka & Tetlock，1993a）。

另一个关于意识形态-归因关系更具推测性的假设是，是特质归因还是情境归因，人的总体倾向不同（见 Skitka，Mullen，Griffin，Hutchinson，& Chamberlin，2002），这可能是因为儿童早期的养育经历。这依次吸引他们关注不同的意识形态，比如特质归因者倾向于保守主义意识形态，而情境归因者则信奉自由主义。

总而言之，如下假设逻辑雄辩：自由派与保守派将对贫困原因进行对立归因，且反应不同（如助人）。当前的问题是：数据是否验证了自由派和保守派对贫困进行不同归因？答案确定无疑。来看两项早期研究。首先是威廉姆斯（Williams，1984）的研究。他让大学生被试阅读一个关于某人的福利被终止的故事。在第一种条件下，福利终止的原因是结构性的（对穷人而言是外部且不可控的，但对社会中其他人而言是可控的），设定的具体原因是预算削减。在第二种条件下，原因模糊不清。这些有不同政治意识形态偏好的被试要回答福利接收者对该损失的责任问题。即使原因是结构性的，与自由派相比，保守派仍将更多责任归因于福利接收者，因其性格及行为而予以责备。

而在潘迪等（Pandey，Sinha，Prakash，& Tripathi，1982）的早期研究中，按照政治意识形态（中、左和右）对印度学生进行分类，并询问他们的贫困归因。他们识别出四类原因类型：自我（或个人）、命运、政府政策（结构性的）和经济因素（结构性的）。被试反应见表 2.6。很明显，保守派（右）更倾向于以自我和（出乎意料的）命运为原因，而自由派（左）则较保守派更强调结构性因素（政策和经济）对贫困的决定性作用。

这两项说明性研究在两种完全不同的文化中进行，一项评估责任信念，一项检验特定原因。它们都表明意识形态以普遍预期的形式影响原因感知或社会现实。保守派将贫困归咎于穷人（例如责备受害者），而自由派则将之归结于社会。

74 **表 2.6　　对贫困的原因感知：作为政治意识形态的函数**

对贫困的原因感知	政治意识形态		
	中	右	左
自我	5.63	5.76	3.96
命运	4.40	4.86	2.96
政府政策	6.50	7.26	8.56
经济因素	7.23	6.76	8.96

资料来源：Pandey，Sinha，Prakash，& Tripathi，1982.

政治意识形态与动机序列

如前所述，还有一些研究明确探究了情感和思想过程是否在政治意识形态与针对穷人的助人决策间发挥中介作用。在其中一项研究中，斯基特卡（Skitka，1999）检验了个体对全国性灾难——中西部地区洪水的反应。尽管这是一个不可控事件，但个体可以通过购买洪灾保险或建造防洪设施以减少损失。但这些洪灾受害者的财务需求原因，并不甚明确。

在一个美国全境范围内的随机电话调查中，受访者透露了他们的政治身份、对灾民当前困境的责任感知、对灾民愤怒和同情的情感，以及对灾民是否应得援助的看法。最后一项被用作助人指标（尽管它不是评估帮助和有意帮助的最佳变量，因为它与责任意义紧密相关）。

图 2.3 展现了对未购买洪灾保险者的反应路径。首先，政治倾向（数值越高越保守）与责任感知有关。与自由派相比，保守派认为受害者对自身困境负有更多责任。责任的增大，将显著降低同情（正面情感），提升

愤怒（负面情感）；而与援助应得相关的，是同情而非愤怒。除这些发现外，还存在一条从政治倾向到应得性（deservedness）的直接强路径，即保守派比自由派更认为这些困境中的人不应当得到救助。因此，由意识形态 76
导致的部分行为差异，并不以归因和情感为中介。这与有关堕胎的研究数据一致。对堕胎的态度，直接受堕胎原因感知影响，也直接受政治意识形态影响（保守派反对堕胎），因为堕胎具有个人或象征意义（见 Zucker，1999）。

75

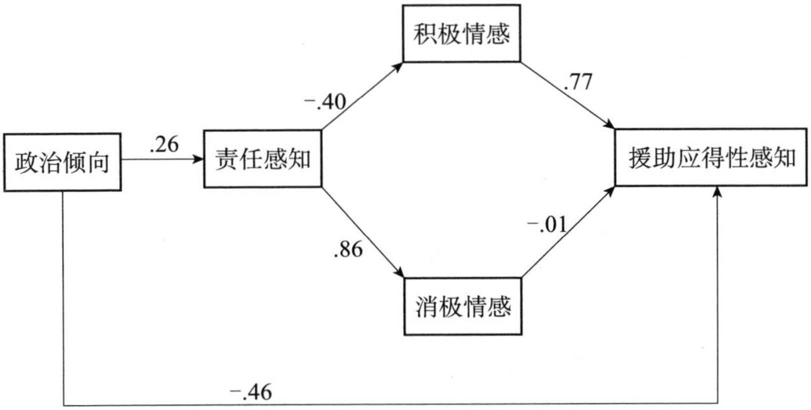

图 2.3　从政治倾向到援助应得性感知的路径

资料来源：Skitka，1999，p. 803.

总之，政治/意识形态倾向与因果信念相关。此外，意识形态直接或间接（通过归因和情感）地影响助人信念。这与政治意识形态调节贫困与行为间关系的论断一致，且意识形态的作用，受责任推断和情感的部分中介。

我们（Zucker & Weiner，1993）早些时候也发现了相似但更复杂的结果。我们让大学生被试评估费金（Feagin，1972）所确定的 13 个贫困原因对困境造成影响的重要程度。然后，在确定政治倾向之外，我们还评估了被试对贫困者的原因可控性、责备（我们当时认为其可与责任互换）、怜悯和愤怒。此外，我们还导入两项助人判断，分别是个人帮助意愿和福利援助。尽管两者似乎都是期望造福穷人的同等有效指标，但存在重要区别。最重要的区别是，较之个人援助，福利的个人卷入程度更低。在早期实验时，我们没有区分作为个人卷入函数的帮助类型，但考虑到从归因和情感到助人的路径强度，这可能是不同研究间的差异来源。

变量间相关矩阵见表 2.7（为便于解释，我以责任代替责备，我知悉这只是权宜之计）。从表中可以看出，保守主义与个人原因呈正相关（*r* =.19），与社会原因呈负相关（*r* = -.39）。这些发现支持先前论点，即政治意识形态调节贫困与原因感知间的关系，保守派赞同个人原因而自由派将社会视为贫困原因。此外，可控性感知与责任呈高度正相关（*r* =.65），而责任则与怜悯呈负相关（*r* = -.61）、与愤怒呈正相关（*r* =.66）。这有力支持了本书所倡导的认知-情感联系。最后，责任、怜悯和愤怒在助人的两个指标上都以预期方式相关，怜悯与助人为正相关
77 （平均 *r* =.51），责任、愤怒与助人为负相关（其均值分别为 *r* = -.45 和 *r* = -.40）。这与先前的理论化保持一致。此外，在助人的预期决定因素中，怜悯的积极情感与援助的意向高度相关。这些应该听起来熟悉又冗余。

表 2.7　　政治意识形态、归因变量和助人的两个指标间的相关矩阵

	1	2	3	4	5	6	7	8	9	10
1. 保守主义	—	.21	.24	-.36	.20	-.30	-.37	.19	-.39	-.10
2. 可控性		—	.65	-.31	.44	-.28	-.39	.36	-.19	-.18
3. 责备（责任）			—	-.61	.66	-.46	-.45	.45	-.42	-.14
4. 怜悯				—	-.44	.60	.43	-.22	.43	.16
5. 愤怒					—	-.45	-.34	.33	-.07	-.13
6. 助人						—	.58	-.20	.26	.23
7. 福利							—	-.30	.38	.27
8. 个人原因								—	-.06	.12
9. 社会原因									—	.26
10. 命运原因										—

资料来源：Zucker & Weiner，1993，p. 939.

这些数据的路径模型见图 2.4。由图可知，政治意识形态（保守派为高数值）调节需求（贫困）与其原因感知；而责任和情感感知在归因和助人决策间具有中介作用。

数据的另一个有趣方面，与调节变量问题无关，而是涉及前文中关于

助人的直接和间接决定因素的结论。图 2.4 展示了个人帮助的两个直接因素——怜悯（同情）和愤怒，其中怜悯作用更强。这说明个人的助人行为是直接由“心”决定的。与此同时，福利决策则存在三个直接决定因素——政治意识形态（保守派支持更少）、责任感知和怜悯。也就是说，与个人援助和前边的助人结论相反，非个人的助人（福利决策）直接由意 79
识形态和责任思考所决定。如前所述，尽管已经进行了广泛的元分析，但思想和情感作为行为决定因素的接近度（proximity，近因或远因）问题还没有终结。在众多可能影响动机序列的因素中，其中之一是行动者的个人卷入程度。个人卷入程度越高，情感对行动的影响可能越强；反之，个人卷入程度越低，认知对行动的决定作用可能越大。另一种思考方式是，个人帮助更多由自动过程引导，而非更多由受控过程引导（曾有人提出以区别模拟实验和“真实”实验）。

78

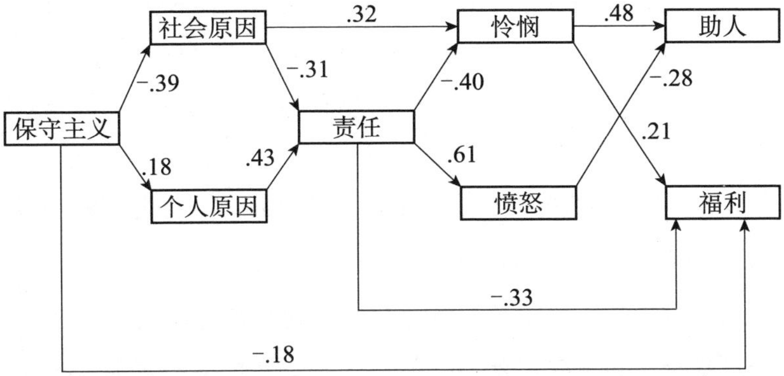

图 2.4 保守主义与助人的两个指标（个人救助和福利）相关的路径

资料来源：Zucker & Weiner，1993，p. 937.

总之，政治意识形态调节需求原因与是否给予帮助。然而，无论意识形态倾向如何，动机过程都涉及完全相同的中介变量。因此，无须为包容个体差异而修改现有理论。

❖ 归因动机论的特征

截至目前，我已经展示了社会动机和社会正义归因论的深层发展逻辑，并在助人和攻击领域检验了本理论；在肥胖和政治意识形态研究中，文化和个体差异如何作为本理论的调节变量也被融入其中。现在我要辨析归因动机论更广泛的特征，部分目的是比较本路径与其他动机论。我希望能凸显这一概念系统种种精妙之处和本质品格。其中一些已经被检验：它基于因果解释而非理由，同时接纳决定论和自由意志，将情感概念化为推动（push）变量而非拉扯（pull）变量。下面我将专注于归因动机作为时间过程的相关特性。

一个基于中介而非调节的理论模型

此处展示的社会动机和社会正义论可概括为中介理论模型。因果归因、责任推断以及所关联的愤怒和同情，在结果（如失败）或状态（如被
80 污名化）与行为反应间具有中介作用。正如关于美国人和墨西哥人对肥胖的反应研究，或者保守派和自由派对援助穷人的判断研究所表明的，中介路径可推定普遍行为律，以超越文化和个体差异。文化与个体差异仅是次要的，只助益于本理论的精致化。它们存在与否，无损于归因动机论的坚实雄辩。

这一立场同与先前许多社会和动机心理学家提出的观点相一致。如费斯廷格（Festinger，1980）曾指出：

> 过分关注个体差异可能会［遮蔽］深层的动态过程。而研究［必须］要揭示这些深层过程。……专注于测量石头、羽毛、纸片等物体下落的不同速度来发现自由落体运动规律，这无异于缘木求鱼。只能先发现动态规律，个体差异才能被理解。（p. 246）

而伯莱因（Berlyne，1968）也同样写道：

> 很明显，人类个体间差异性与类似性并存。那关键问题是应该首先寻找类似性还是差异性。行为理论家［如伯莱因］断言必须将人类和动物行为的共同原则置于首位。……唯有揭示一个阶级或一个物种的所有个体的共同点之后，才能指望理解其差异从何而来，乃至发现描述和区分差异的最有效方法。（p. 640）

英雄所见！但当代一些动机论，尤其是成就动机论，往往从寻找个体差异开始其理论构建。它们将调节变量视为概念中心，然后用不同的过程来描述被识别的不同群体。例如，众所周知的目标理论（goal theory），对当前的成就动机研究影响巨大。在这个概念框架中，人被特征化为任务中心对自我中心、学习导向对绩效导向、能力实体论者对能力增长论者，诸如此类（见 Pintrich & Schunk，2002）。在这些目标论中，首要的也是最重要的一步就是区别个体。如果缺乏个体差异成分，这些理论将难以维系也将不复存在。它们与我的归因动机论对比鲜明。无论个体差异存在与否，归因动机论均能成立。

在其他障碍中，目标理论尤其陷入特质普遍性的陷阱。在所有情境 *81*
中，个体并非有同等动机去追求成功，也不会总是以自我为中心或以任务为中心。相反，不同情境之间会有细微差别。此外，个体也无法被二元归类——他现在可能要比以前做得更好，并希望超越他人；或有动机同时实现学习和绩效表现的最优化；等等。我确信，这些研究发现很少可信。一个假设刚被证实，但马上伴随另外的否证；而为了弥补可重复性上的欠缺，随意征召另一个情境或个人调节变量。

在我早年也更无畏的时期（Weiner，1986），我曾发下战书："我想请问怀揣此类信念的理论家，你们愿意以什么实验为赌注，以使你们指定的人群间产生差异？"（p. 11）我仍旧坚持这场赌局，并且相信动机论的基础必须是中介变量，而非个体差异的调节变量。最好是在普遍行为律被揭示之后，再导入调节变量。我确信那些被认为应为其污名负责的人，较那些不被认为需要负责的人受到更多指责；而吸烟过度导致肺癌的人，比不知情地生活在受污染地区而患肺癌的人得到的同情更少。我当然有十足把握就这一命题再次打赌。实际上，很难找到反例，也很难找出一个个体，他能超出预期的数据模式（本节将详细说明）。我也坚信与自由派相比，保守派对这两类污名群体表现出更少的同情（见 Farwell & Weiner，2000）。当然就此我的赌注会小得多，因为观测到的情感和行为差异，在不同意识形态间没有像不同污名群体间那么大；而人际差异还可追溯到对责任的潜在推断，这样又重返中介路径。

一种历史而非去历史路径

归因动机论所具有的历史的（序列的）而不是去历史的（非序列的）品格，与前述的中介变量和调节变量紧密关联。勒温（Lewin，1935）曾有格言：动机心理学家只需明确心理状况如何被“即时”感知。受勒温引导，许多著名的动机理论都是去历史的。当下知觉足以做出预测，而这些知觉如何产生则无关紧要。这些著名的去历史的理论图式，如勒温
82 （1935）、阿特金森（Atkinson，1957）和罗特（Rotter，1954）的期望价值论，或者赫尔（Hull，1943）和斯宾塞（Spence，1956）的驱力习惯论。去历史的理论家有两个主要目标：分离行为的决定因素；明确这些因素间的数学关系。他们以方差分析作为主要统计程序，构造数学模型。研究者因而能够确定所提出的决定因素是否真正影响行为，其理论成分之关系是依存于加法原理还是乘法原理（看变量间是否存在交互效应）。

正如前述的元分析，或者政治意识形态在助人中的角色，心理学中较新的统计路径有回归分析和路径模型。这些新技术能确定理论构念之间是否相互影响，从而解敝因果序列。而本章的核心问题就是思想、情感和行动间的时序或序列关系。去历史的分析无法检验这个难题，也不会探究变量间的相互影响。行动被刻画为“即时的”，而非序列过程的一部分。但在动机领域，过程或序列是根本问题。

“深层”而非“表层”结构

与有关语言的“深层结构”类似，归因动机论也力图识别动机的深层结构（见 Ickes，1996）。动机语言表征在思想—情感—行为中；或明晰化思想这一组分，也就是归因—情感—行动序列。它也可被命名为 3A 理论（AAA 理论，勿与任何商业企业混淆）。这一时间序列旨在把控所有动机内容域，从而为动机行为提供通用结构。

与之对照鲜明的是，在“表层结构”的理论中，其理论术语或语言受限于所研究的特定内容域，如假设健康恢复是他人社会支持的函数。这一“理论”（更准确地说是假设）属于表型（被研究的现象或被测量的可视

属性）层次，而不是基因型（术语的潜在含义或本质被其他表型所共享，也可进行概念推理）层次。

若将这一归因概念图式视同于以 $E = mc^2$ 为首的普遍物理律，则十分莽撞。但可合理宣告，自然科学和社会科学目标相同，因为两者都在追寻普遍规律，以超越特定场景和现象。显然，归因动机论所涵括的内容域还数量有限，但并非微不足道。 83

一个强理论而非弱理论

艾森克（Eysenck，1993）曾阐述强理论与弱理论间的区别。这同样也涉及基于中介变量和基于调节变量的理论对比。艾森克（1993）指出：

> 就弱理论而言，积极结果比消极结果更为重要，因为所验证的积极结果意味着从理论演绎出的假设或［设想（assumptions）］都是正确的。……但就强理论而言，消极结果则更加重要，因为［设想］的作用已经大大降低。(p. 245)

根据社会动机和正义归因论，积极结果的启迪已经稀少。已经确证：在失败情况下，努力不足比能力不足会受到更多惩罚；比之因生活在污染地区导致癌症，因吸烟致癌更少引发同情；而故意伤害而非无意伤害会受到更多惩罚。受数据支持的概念框架及其高重复率，降低了再次确认这些假设时获得额外收益的可能性。但如果在某文化、某群体或某情境中发现了消极结果，那启迪就会很大。读者能想象这种情境吗：在成就任务中失败后，没有天赋的个体比没有努力的个体受到更多斥责？这类个体和文化存在吗？这意味着什么？也许是时候找寻这些矛盾情境和非典型个体了。

与强理论相关的，抑或说这个短语最重要的意义，是理论的经验演绎肯定能被复制。强理论为在教室内进行实验提供了良好机会。自然科学正是如此——混合两份氢气和一份氧气将得到一个明显的（湿的）结果。斯金纳主义心理学之所以流行并占据优势，其原因在于，有利于获得奖赏的特定行为的频率随着时间推移会可信地增加。类似地，由赫尔（Hull，84
1943）等人发展的驱力论，也可靠地发现饥饿的老鼠比饱食的老鼠跑迷宫更快；勒温（Lewin，1935）理论的成长得益于丰富的文献证明：未完成的任务而不是已完成的任务激发趋近行为；而罗特（Rotter，1966）的社会学习论则依赖技能而不是随机任务，取得积极结果后成功预期会有更大增长，而在取得消极结果后成功预期则大幅度下降。

但也有许多理论在关键预测的信度上存在缺陷，它们常是基于调节变量的概念图式。阿特金森（Atkinson，1964）曾假设在面对不同难度的任务时，被划分为具有高成就需求和低成就需求的个体会表现出相反的风险偏好。已经发现这个核心预测并不可信（见 Weiner，1992b）。类似地，罗特（1966）的社会学习论也曾预测，持有内在控制点与外在控制点的个体之间的成就预期存在差异（与技能和随机任务间的差异相反）。它也没有被可信地证明。我坚信，任何以个体差异为必要条件（*sine qua non*）的理论模型，都无法被可信地证明。这个声明相当强悍，相信部分读者将强烈反对。

没有明确的经验核心，就无法建构强健的理论。而归因动机论的基础稳固，它由可复制的经验概括搭建而成（例如，失败情况下努力不足比天资不足受到更多惩罚，应对污名状况负责的人比无须负责的人得到更多消极反应）。归因动机论因而是“强”理论而非“弱”理论，其独特品格部分源于中介变量和历史性，而非调节变量和去历史性。

❈ 小结

如何评价社会动机和社会正义论的有效性？

1. 关于助人和报复性攻击的两项元分析，确认了归因、责任推断和情感在个人困境或敌对行为及其引发的反应间发挥中介作用。也就是说，本理论可应用于跨动机领域，解释助人和攻击行为中的部分
85 （并非全部）决定因素。本理论也可能适用于其他动机领域。
2. 与报复性攻击相比，助人可能有更多的非归因决定因素，且似乎只受到情感唤醒（尤其是同情）的直接影响。这在个人卷入情境中更可能自动发生，而非个人卷入的助人行为则是控制性过程。与此

同时，攻击直接由责任信念和情感反应（尤其是愤怒）所决定。本理论的普适原则在于行为是思想和情感的函数。但这些因素直接或间接的影响，因地区和情境而异（但情感似乎总是对行为产生近端影响）。

3. 本理论可将文化差异和个体差异纳为调节变量。政治意识形态这个调节变量，改变了对贫困需求状态的原因感知，表现为保守派责备受害者（如懒惰、任性），自由派指责社会（如没有工作提供、低工资）。对两个群体而言，他们的因果信念支持或与其内隐哲学信念保持一致。此外，对双方而言，一旦选择了一个原因，就会产生与之相连的责任推断和情感，因此本理论无须因调节变量而改变。
4. 归因动机论的主要品格是：（a）基于中介变量而非调节变量（即在寻找普遍规律时，文化差异和个体差异是次要的）；（b）历史的或时序的而不是去历史的；（c）基于从思想到情感再到行动的动机“深层结构”；（d）强理论而非弱理论，因此经验的否证能比证成提供更多信息。与上述描述相关的是，如为读者提供的实验所示，核心经验发现是可重复的。

86

第三章 道德情感及创造正面道德印象

情感或情绪被视为心理内部现象。它们是主观的或私人的经历或体验，具有消极或积极的品性。证明情感的个人性是对其进行识别和测量的前提及方法。特定的思想和/或激素状况是情感状态的两个决定因素，而它们的指标中则包括生理行动模式和/或面部特征。因此，似乎难以否认，对情感的研究可在个体层面进行。

另有一种观点认为情感是社会现象。当然，这并非所有情感的特征（例如恐高）。但是如爱与悲伤这两种最普遍的情感，通常涉及社会体验：一方面，“我们分手了”“我们在一起了”和“我的心碎了”揭示出一个隐喻，即爱将不同的实体融合成一个社会单位。另一方面，悲伤往往伴随着暂时或永久地失去另一个人——当我们所爱的人离开时，我们感到悲伤。因此，爱与悲伤不仅可被视为个人情感，也可被视为社会情感，它们的前因和指标都可在特定个人之外的社会层面（如加入或离开）找到。其他情感也在社会语境中产生，作为行为的调节者，它们具有社会后果。第
87 一章和第二章所讨论的，促进助人的同情、产生攻击的愤怒，正是在情感归因方法中发挥重要作用的两种社会情感。

社会情感也包括道德情感。道德情感关涉对错、善恶、应该（should）与应当（ought）。可控性、意志和责任思想是它们的基本因素。因此，它们是经过深思熟虑的情感；一个人可被说服进入或离开这种情感。如此处所讨论的，它们是对情感更一般的评价方法的一部分——情感由思想决定。当然，这仍是有争议的论题，而且无法有意识地确认所有情感反应的

前因。

我在本章将检验道德情感，并拓展研究论题：社会生活与道德关怀深深交织，道德判断是社会关系的组成部分，罪与病的区别弥漫在大量心理生活中，宗教和司法规则指导我们的感受。法官的隐喻不仅限于理性思想，还可灌注到情感中。

❖ 识别道德情感

什么是道德情感？显然前文中的同情和愤怒契合这一标签。但还存在许多其他的道德情感。如我们后文要考察的，下列情感也应被贴上本标签：

1. 羡慕
2. 愤怒
3. 嫉妒
4. 感激（感恩）
5. 罪疚
6. 愤慨（怨恨）
7. 妒忌
8. 后悔
9. 幸灾乐祸（以他人苦痛为乐）
10. 蔑视（轻视）
11. 羞耻（耻辱）
12. 同情（怜悯）

这些是人尽皆知、频繁体验的情感，显然在我们的情感生活中起着重要的、不可或缺的作用。也有理论家提出其他情感，如厌恶作为道德情感 88
（见 Rozin，Lowery，Imada，& Haidt，1999）。我用于界定道德情感的标准非常明显，同时也是将厌恶排除在外的缘由。

从描述到类型学

科学分为三个阶段。首先是描述。许多科学研究都是从描述性统计开始的，比如几百万人有某种健康问题。这是发展科学分析的最低阶段，或者说最初阶段。因为涉及收集数据，所以它是科学。我在本书中也是从描述开始的，详细说明了一些成败的原因，包括能力和努力。而现在我识别出 12 种道德情感。如果能够提供数值证据（numerical evidence），例如我们的情感生活多数由道德情感构成，那么这一科学的初始阶段将得到进一步提升。

科学发展的第二阶段是类型学，即根据基本特征对实体进行分组、比较和对比。例如，我认为原因具有三个属性：来源、可控性和稳定性。质的或定性的区别，如能力与努力之间的区别，可被转化为对这些连续变量的定量比较。已经发现：努力比能力更可控、更不稳定，但它们的来源相同。

可以为所列出的道德情感创建分类学系统吗？这种努力前无古人，因而本系统的构造要谨慎小心，并且要直面他人的质疑，无论这些质疑关涉理论假设还是道德情感之界定。我能识别一个维度——这些情感中的一部分是内在导向的，并与自身是否做过某事相关，尤其是罪、悔和耻。例如，有人说："我感到罪疚（或羞耻），因为**我**……"与之对立的道德情感，比如愤怒和同情则关乎他人，是外在导向的，如"我生**他**的气""我同情**她**""我很感激**她**"这类表述。

道德情感的分类还存在其他原则，但有一个原则很显著，因为它可被纳入本书的社会动机和正义论中，如图 1.4 所示。回想一下，归因动机论的发展基于成就领域能力与努力之间的区分。进入分类学阶段，能力（天资）被视为不可控，而努力付出则是可控的。这一原因维度使责任被确定为成就结果的原因和成就评价间的关键中介。

89 能力（不可控制/无责任）和努力（可控制/有责任）的区分，同样适用于道德情感。如前所述，这一分类引发他人失败后相对立的情感反应——同情（原因不可控情况下）对愤怒（原因可控情况下）。尽管本书仅认真研究过同情和愤怒，但它们不是分别与能力和努力相联结的情感的全部。我认为，嫉妒、蔑视和羞耻也与对能力和不可控性的感知相关。而在愤怒之外，羡慕、感激、罪疚、愤慨、妒忌、后悔和幸灾乐祸的情感，也与努力或意志信念有关。因此，能力对努力（原因的可控性）为描述道德情感提供了第二个维度（与经验方向或目标来源一同）。由此可见，厌恶并不是一种道德情感（从这一观点出发），因为它通常不是由“应该”或“应当”的认知评估所引发，也与可控性归因无关。但如果厌恶被用作愤怒的同义词（我厌恶他的所作所为），那么它确实具有道德性。如若一个人“对变质食物感到厌恶”，这类更典型用法就另当别论了。

本章目标在于详细阐述以上观点并证明其确真性（veracity）。首先，我的任务是概评与能力和努力相关的情感。读者可能发现这些概评冒险且充满争议。我不去详细检验这种关联，而是彰显我的论点的本质。其次，我将构造更完整的道德情感分类学。然后我要探讨促进正面道德（情感）评价和减少道德非难（消极情感反应）的印象管理策略，并在成功和失败情境下检验这些策略。在成功情境中，傲慢与谦虚的推断也与道德情感相关，因此我也会讨论这种人格推断。而在失败情境中，我将分析包括借口和坦白在内的印象形成策略。最后我将论及宽恕。

与能力（不可控）相关的情感

在前述的道德情感清单中，有四种与能力信念有关（尽管不具排他性）。本章将讨论这四种情感：

1. **嫉妒**。嫉妒在一个人渴望他人优势时产生。这种优势可能是物质上的，如新房或好车，这与能力认知无关。然而，所渴望的优势，也 90
可能与不可控的品质有关，如美貌和智慧（见 Feather，1989；Smith，Parrott，Diener，Hoyle，& Kim，1999）。人们不会将嫉妒与努力这个可控的品质联系起来，因为所有人都能付出努力。但是人通常无法变得美丽或者聪明，而拥有这些品质的个体就成为嫉妒对象。简而言之，嫉妒在一定程度上是一种与能力相关的情感。它常常导致嫌恶，因为对方拥有自己求之不得的东西。这尽管不是一成不变的结果，如嫉妒朋友的高能力，但这是常情。
2. **蔑视**。蔑视或轻视，意味着对方“不行”。例如，他没有能力或被视为不能干。它产生于“一个人需要感觉自己更强、更聪明、更文明，或者在某种程度上优于他人”（Izard，1977，p. 328）之时，并会引发鄙弃（disdain）。人可能因自身行为而被轻视、取笑，但这些行为很可能被归因于他们的性格。我认为正是性格驱动了这种情感反应。

3. **羞耻**。羞耻则源于自我无法控制的“性格缺陷”，且这一缺陷已为他人所知。笨拙、缺乏吸引力或智力低下都会引起羞耻感，从而产生无助和退缩等行为（见 Tangney & Fischer，1995）。
4. **同情**。第一章和第二章对它已有详细讨论。当他人的困境是由不可控原因导致时，个体就会体验到同情（或怜悯），这一观点得到了经验支持。这一原因可能是外在于个体的，比如生活在极权社会中；但常常是内在于苦难者的，包括能力不足等。一个典型例子是同情没有能力的人，比如身体和精神有缺陷的人。有人认为，如果体验者与情感目标之间的差异是定性而非定量的（例如目标是盲人或精神病人，而非暂时性眼疾患者或边缘智力障碍者），那么情感体验更类似于怜悯而非同情。然而，我在本书中将两者用作同义词。

总之，道德情感的一个子集（嫉妒、蔑视或轻视、羞耻、同情或怜悯）与不可控的品质和能力有关。这些情感明显不同，其差别也表现为不同的道德术语。差异之一就在于它们所激发的行为。同情产生助人等亲社
91 会行为（向前），嫉妒和蔑视则产生反社会行为（背向），而羞耻则引向回避（远离）。此外，如果让别人来评价这些情感体验（我们确实会赞许和批判他人的情感体验），就会发现在不可控原因中，同情被视为比嫉妒、蔑视和羞耻更道德、更正确、更合适、更恰当。也就是说，情感和行为一样，也分“对”与“错”。因为还没有进行过相关研究，这种论断还没有数据支持。然而，读者们可通过回答框 3.1 中的问题对这些观点进行个人测试。此外，框 3.1 还检验了情感相关行动的道德感知，以及个体情感和行为间的一致性。

对于一些道德情感的公平性感知，可提出相关预设。因为不可控原因而失败的个体，不“应当成为”负面情感的目标，无论是来自自我（羞耻）还是他人（蔑视）。毕竟个体无须对不可控原因负责（如能力不足），因此它的存在与否不是意志选择。也就是说，个人无须对这些原因所致的

结果（如失败）负责。羞耻和蔑视，在道德意义上，都不是对不可控失败 92
的“恰当”反应；这些情感可能会被标为“不道德情感”，因为它们不应该被如此感受。但面对不可控的困境，同情的亲社会反应则是“正确”的。正如第一和第二章所论证的，在道德教育中，对疾病（一种不可控的消极状态）的反应，应该是亲社会性的。

框 3.1　对因能力（天资）不足所致失败而产生的他人情感和行为反应的评价

想象这样一种情况，你所在班级的一个同学因为低能（天资）而考试不及格。其他人对此产生不同的情感和行为反应。评估或评价这些情感反应和行为是否正义、恰当和/或公平。并对这些个体的情感-行为一致性打分。评分由 1（非常正义、恰当和/或公平）到 7（非常不正义、不恰当和/或不公平），同样一致性打分也是由 1（一致且理性）到 7（不一致且不理性）。

情感反应	评价	行为	评价	一致性
轻视（蔑视）		远离		
同情		帮助		
轻视（蔑视）		帮助		
同情		远离		

与蔑视和羞耻相对立，嫉妒与他人的积极结果而非消极结果相关。尽管如此，嫉妒也可能被视为“不应该”体验的反社会情感。毕竟，一个人不应因为聪明、漂亮或这些非意志特征带来的好处而受到消极、嫌恶的反应（通常由嫉妒引起的情感）。

总之，嫉妒、蔑视、羞耻和同情，与和能力及其不可控性相关的因果信念有关。因为能力不足是“病”而非“罪”，蔑视和羞耻的情感是不应当且“不道德”的。类似地，嫉妒是对成功人士不恰当或不道德的反应。在与能力相关的情感中，只有同情被视作合理或应当的反应。此外，同情以外的情感所引发的行为，比如拒绝和忽视，都不符合正义原则或由“对错”支配的行为规则，因而它们会遭受负面评价。读者现在可回到框 3.1，检验这些结论是否得到他们报告的数据支持，以及感知到的情感-行为是否存在一致性。我确信如此。

与努力（可控）相关的情感

在道德情感清单中，另外的八种情感与努力和原因可控的感知相关。这里只略做介绍，但讨论会贯穿本章。这八种情感是：

1. **羡慕**。当一个具有正面价值且可控的行为如勤奋努力导致成功时，其结果被认为是应得的（见 Feather，1991）。当之无愧的成功引发羡慕（见 Frijda，1986；Hareli & Weiner，2000；Ortony，Clore，& Collins，1988）。羡慕又依次引起他人的积极行为反应，如社会认可。然而如后所述，羡慕不仅仅与努力归因有关，也会由能力感知所激发。
2. **愤怒**。前两章已讨论过愤怒，此处不再赘述。回想一下，基于许多情感理论家的共同意见，我的论点是愤怒基于对不当行为的个人责任判断。愤怒是一种价值判断，源于对于一个人“本不该如此”的
93 信念。努力不足作为失败原因，导致责任判断，从而激发愤怒。
3. **感激**。感激意味着对所接受的恩惠表示感谢（Guralnik，1971）。它源于拉丁文词根 gratia，意思是恩惠或恩典（见 Emmons & McCullough，2003）。当个人的积极结果是由他人有目的和有意的行为造成时，感激往往随之产生。如果个体偶然或无意中使他人受益，那么感激之情就不会产生（见 Tesser，Gatewood，& Driver，1968）。感激与助人和平衡正义尺度的积极互惠有关，当得到的恩惠被接受者珍视且对赠送者来说代价高昂时，人们就会体验到感激（见 Tsang & McCullough，2004）。但正如马上要讨论的，这是一种复杂的情感，对自我而言，其消极影响与积极影响并存。
4. **罪疚**。由于罪疚是一种自我导向的情感，在本书中它相对被忽略了，尤其是与愤怒相对照。可以在愤怒语境中考虑罪疚的道德含义，因为如果所传达的愤怒被相应的违法者“接受”——表明承认

个人责任——那么这个信息的接受者将感到罪疚（见 Graham, 1984; Weiner, 1986; 第四章）。与愤怒相同，罪疚是大量写作和推测的主题。一般而言，罪疚在违反道德规范和正义原则的意志行为（或不作为）之后发生。因此，罪疚的前提是努力不足而不是能力不足。与羞耻相反，罪疚与行为而非性格相关，与可控而非不可控的原因相关，而动机后果包括弥补而非逃避和无助（见 Tangney & Fischer, 1995; Weiner, 1986）。

5. **愤慨**。对于某些情感，特别是愤慨，情感的体验者不必亲自参与到社会越轨中（见 Dwyer, 2003）。例如，我们可能对 A 对 B 的不良对待感到愤慨。与先前的讨论一致，如果 A 对 B 的不良对待是无意的、偶然的，那么愤怒或怨恨是不恰当的（见 Dwyer, 2003）。也就是说，愤慨（有时与怨恨同义使用）部分基于伤害的可控性，并且需要对加害者的责任加以感知。这种反应难以追溯到自身利益或个人享乐收益。因此，愤慨情感似乎只是出于“美德自身”的道德关怀（见 Turillo, Folger, Lavelle, Umphress, & Gee, 2002）。因此，愤慨无法通过像进化论这样纯粹的功能性观点来进行解释（尽管其概念可以延伸以解释这些情感类型）。
6. **妒忌**。当一个人害怕自己所爱之人爱慕他人时，妒忌就会产生。妒 94
忌的一个重要决定因素是为什么妒者认为自己不再是爱慕对象。“当伴侣被认为对出轨行为有完全的控制而非无力阻止时，妒忌更容易被体验到。”（Bauerle, Amirkhan, & Hupka, 2002, p. 316）因此，当伴侣的出轨是因自身原因而非不可抵抗的外在环境，以及伴侣有意如此行事时，妒忌更有可能发生（Mikulincer, Bizman, & Aizenberg, 1989）。妒忌关涉对他人的责备和责任判断，这揭示出它也有道德成分。
7. **后悔**。当人们意识到更明智的选择可以获得更佳结果时，就会感到后悔。它与失望相反，因为无论负面结果的原因如何，只要结果糟糕就会产生失望（见 van Dijk & Zeelenberg, 2002; van Dijk, Zeelenberg, & van der Pligt, 1999）。也就是说，在这两种情感中，只有后悔在其认知前因或评估中有自我能动性和个人责任（见 Frijda, Kuipers & Ter Schure, 1989）。后悔，某种程度上与罪疚相似，也会引发“自责、纠正错误、想要事件不发生并再次获得机会”的愿望（van Dijk & Zeelenberg, 2002, p. 324）。然而，与罪疚不同的是，后悔源于内心伤害，而罪疚则更多地与人际伤害相关（见 Berndsen, van der Pligt, Doosje, & Manstead, 2004）。

8. **幸灾乐祸**。他人的痛苦和不幸有时会让旁观者感到愉悦。这种情感反应被称为**幸灾乐祸**。其字面含义是因他人的耻辱而喜乐（见 Ben-Ze'ev, 1992）。幸灾乐祸需要在一系列成功或积极成果后出现失败或消极结果。其前因有嫉妒、社会比较和罪有应得的不幸。例如，如果学生因为作弊（不当成功）而在课堂上获得相对较高的排名（引起社会比较的嫉妒），之后却考试不及格，那么其他学生就会幸灾乐祸。幸灾乐祸的体验，通常要求负面事件不要太极端。如果学生因考试作弊被判长期监禁的话，那么他人可能感觉不到快乐（见 Hareli & Weiner, 2002）。

    为了支持这一推论，费瑟（Feather, 1999）进行了一系列调查，并记录了对“资优者”（tall poppies）即“大人物”堕落出丑的反应。那些人上人（通常是政治家、运动员和公众人物），其成
95 功越是不当（例如由于运气、继承权或额外照顾），就越会被嫌恶；而其之后遇挫时，也就越容易招致幸灾乐祸。因此它也有道德成分（见 Hareli & Weiner, 2002）。

道德情感分类学

统合已陈述的道德情感的两个属性，可以创建出一个分类学体系：情感的方向或目标（朝向自我或他人）和因果联系（能力和不可控性对努力和可控性）。表 3.1 列出了这两个维度的阶乘交互表。表中还显示了这些情感的第三个特征：它们是积极的还是消极的。将表格细分为三个维度将耗尽每格的情感数量（在表 3.1 中若展示第三个维度，仅有的 12 种情感将会被划在 8 格中），因此，作为第三维度的情感效价没有在表格中出现。

表3.1揭示出这些道德情感的有趣特征：

1. 它们更可能是他人导向而非自我导向（在表中，分别为9种和3种）。
2. 它们更可能是努力相关而非能力相关（在表中，分别是8种和4种）。
3. 它们更可能是消极的而非积极的（在表中，分别为9种和3种）。

表3.1　道德情感分类

		情感目标	
		自我	他人
因果联系	能力	羞耻（－）	嫉妒（－） 蔑视（－） 同情（+） 羡慕（+）
	努力	罪疚（－） 后悔（－）	愤怒（－） 感激（+） 愤慨（－） 妒忌（－） 幸灾乐祸（－）

从逻辑上讲，大多数道德情感都是他人导向、努力相关和消极的。也 *96*
就是说，不当行为是可控的，越轨者被认为应对负面事件或结果负责。

为什么消极、他人导向和努力相关单元格中会出现不成比例的情感？情感调控社会行为。愤怒、愤慨、妒忌和幸灾乐祸，会制止对方的所作所为或让其受罚。也就是说，道德情感，原意是告诫当事人正在做或做过什么错事或坏事，而且不可接受。道德情感监管恶意驱动的道德行为。

归因—情感—行动理论

贯穿本书，我都在论证罪与病有所区别，而可控—负责任—愤怒—反社会行为和不可控—不负责任—同情—亲社会行为的动机序列，是两种主要类型。但我现在构想这样一种可能性，例如，对负面行为不负责任，但随之而来的是蔑视而不是同情。这是否否证了先前论点或削弱了归因动机论的普遍性？

我断然拒绝这种可能性。正如调节变量（如政治意识形态）会影响对事件的原因感知，它们也会在原因与所评估的情感反应之间进行干预。在大多数情况下，人们以同情的方式应对无法控制的失败。但是，在某些情况下，有些人会嗤之以鼻。是什么个体差异特征或情境决定因素产生这种差异，还不得而知。然而，后续行为由情感体验所引导（如框 3.1 所示）。因此，存在归因—情感—行动序列，即所谓的动机深层结构，但其细节会因个体或情境而变（尽管可能存在一组主导的特定反应）。因此，以下两个时间序列在理论上是相容的，因为它们遵循相同的动机顺序。也就是说，尽管它们在表型上相异，但它们在基因型上是相同的。

1. 失败—由于能力不足—不可控—不负责任—同情—帮助。
2. 失败—由于能力不足—不可控—不负责任—蔑视—忽视。

97 这些序列可重构如下：

失败—由于能力不足—不可控—不负责任 → 同情—帮助
失败—由于能力不足—不可控—不负责任 → 蔑视—忽视

我们需要在无责评估与就此共享的评估而产生的不同情感反应之间，深究其调节干预机制。

类似地，其他序列也遵循先前的动机图式：

1. 他人因为努力工作而成功—羡慕—社会认可。
2. 个人因朋友帮助而成功—感激—回报。
3. 他人在不应得的成功后失败—幸灾乐祸—拒绝帮助。

在所有例证中，动机行动之前是因果评估及其相关情感。

论创造积极的道德印象

道德情感的世界往往很难驾驭。例如，已经论证能力不足所导致的失败通常会激发同情和帮助。然而，它也可能引起蔑视和拒绝。那么，失败者应该尝试创造低能形象吗？同样，被相关旁观者归结于努力不足的失败往往会引起愤怒。然而，在青少年同龄人中，这种因果信念可能会激起积极的情感，因为他们无视成人确立的原则和学校规范。尤沃宁（Juvonen, 2000；Juvonen & Murdock, 1993）发现，当十几岁的孩子在学校失败时，他们向教师表示自己能力不足，却告诉同伴自己没有努力。这些“量身定制”的印象管理策略，最大化了目标受众的积极情感反应。

即使向他人传递积极的道德信息，也不是没有冲突和复杂的成本效益分析。正如前文所述，他人的有意帮助经常会引起感激。但是在成就语境中，感激意味着成功的原因不在于自我。这种信念与享乐偏差相冲突，后者表现为将成功归因于自我，失败则归结于外部原因。这种偏差最大限度地提高了自尊和对成就的自豪感。值得注意的是，有证据表明，公开表达感恩，并将成功归因于他人，比私下感激更为普遍（Baumeister & Ilko, 98
1995）。基于此，人们再次通过认可另类因果信念来提高个人利益，而这种因果信念则是归因目标（自我或其他）的函数。

鉴于感恩能增进个人幸福和健康的证据，这种情感组合更加复杂（Emmons & McCullough, 2003；Watkins, Woodward, Stone, & Kolts, 2003）。那么，一个人应该最大限度地以成就为荣（成功的自我归因），还是以从他人那里得到积极的反应（公开和/或私下把成功归因于他人并表达感激）为荣呢？很明显，道德情感的体验和表达会伴随着冲突；最大化个人收益和最小化损失的尝试可能是艰难的挣扎。

❈ 傲慢和嫉妒，谦虚和羡慕

在大多数成就奋斗的人际语境中，成功或失败伴随着许多社会后果。如上所述，一门课程的高分可能会引起嫉妒和/或羡慕，个体可能成为嫌恶或表扬的对象。而失败会引起同情、愤怒、蔑视或幸灾乐祸。有时，就其心理意义和决定未来行为而言，来自他人的这些反应会压倒成就本身。事实上，就我未来的积极性而言，我的同行对本书的反馈，可能比我私下的自我好评更为重要。

成就的观察者不仅用各种各样的情感和行为对成功者做出反应，他们还会对成功者的能力、个性和品格做出推断。成功者可能被认为聪明或愚笨，懒惰或勤奋，等等。可能有多种推断，而这些推断又有多种前提。此处我关注的决定因素是，成功者就其成败原因向他人传递的信息，是傲慢的感知还是谦虚的推断。它们之间有道德联系。

推断傲慢与谦虚

傲慢抑或与他人的傲慢交流，强调自己品质优于他人（Ben-Ze'ev，1993）。因此，傲慢与内在稳定的原因感知相关联。或者，传达不可控原
99 因尤其是内在和稳定的原因，会被视为傲慢的，因为它们指向个人相对独特的品质。例如，（我的）成功基于天分、智力或美貌，这种描述就是傲慢的。这些原因或属性是“天定的”，非人力可为，他人可望而不可即。依前所述，这种原因会引发嫉妒。因此，与他人的傲慢交流和嫉妒，有相同的归因或属性。

而谦虚以及与他人的谦虚交流，并不是要彰显自身的特异性。如果轻描淡写自身在成功中的作用，那么他们就会被视作谦虚的。卡尔斯顿和肖瓦尔（Carlston & Shovar，1983）发现，如果把成就结果归结于外部原因，如他人的帮助、好运或任务轻松，而不是内部原因，那就是谦虚（而非傲慢）。但努力归因还是谦虚，尽管它内在于个体。因为他人也可以努力，付出努力并不是某个人独有的。与努力归因和“应得的”成功相联系的羡慕，也与谦虚相连。原因（能力和努力）、情感（嫉妒和羡慕）和人格推断（傲慢和谦虚）之间的联系，总结在表 3.2 中。

部分基于表 3.2，在成功情境中可构造以下动机序列：

1. 传达内在、稳定、不可控的原因信息（如能力）—推断出傲慢并引发嫉妒和嫌恶—反社会反应随之而来。
2. 传达内在、可控的原因信息（如努力）—推断出谦虚并引发羡慕和喜欢—亲社会反应随之而来。

我们再次目睹归因—情感—行动序列，但现在驱动和/或伴随情感反应的个人特质推断也包括在内。

表 3.2　　与归因相关的情感与人格推断

原因	成功	
	高能力	高努力
情感反应	嫉妒	羡慕
人格推断（若有交流）	傲慢	谦虚

在检验这些假设的最初研究中，我们（Hareli & Weiner，2000）向被 100
试描述了他人对其个人成功的解释。请读者完成框 3.2 所示的实验变体。我们提供了八种解释（而不是框 3.2 中的四种），并根据原因来源、可控性和稳定性这三个因果属性得到 2×2×2 因素设计。此外，这些解释与平常成就（课堂中获得成绩 A）或重要成就（成绩优异并被教授邀请担任助教）相配对。

框 3.2　对他人就其成功原因的解释而做出的反应

想象一个情景，一个人在班级中表现很不错（成绩为 A-），你询问其成功的原因。后文给出了对方所言。评价他的两个特质（傲慢和谦虚）以及你的情感反应（嫉妒、羡慕和喜欢）。评级从 1 分（高傲慢、谦虚、嫉妒、羡慕和喜欢）到 7 分（低傲慢、谦虚、嫉妒、羡慕和喜欢）不等。

所传达的原因	傲慢	谦虚	嫉妒	羡慕	喜欢
我很聪明					
我很努力					
我很幸运					
我有朋友相助					

现在再想象以下情景，他不仅在课堂上表现出色，而且由于成绩优异，被教授邀请下学期在班上做带薪助教。

所传达的原因	傲慢	谦虚	嫉妒	羡慕	喜欢
我很聪明					
我很努力					
我很幸运					
我有朋友相助					

101 具体而言，被试被要求想象听到两个学生之间的以下对话：

吉姆：大卫，你上学期过得怎么样？我听说你在心理学导论课程中得了A－（或全班最高分）。你是怎么做到的？

大卫：嗯，那是因为我能力强（或者：我总是很努力；我突然有灵感；这一次我非常努力；课程容易；总有人帮我；我运气不错；我这次有人相助）。

被试将评价大卫的傲慢或谦虚程度，他是否认为自己比别人优秀，或者自己是否有别人所缺乏的品质。此外，被试还要指明因同一原因自己可能成功的程度。

研究数据见表3.3和表3.4。表3.3显示，基于高能力的成功，比之所传达的其他任何原因，都要傲慢。抑或说，除高能力外，其他所有的解释都被认为是相对谦虚的。如框3.2所示，读者的个人数据必将重现研究中傲慢和谦虚的评分。

为检验其他关于傲慢与谦虚交流的后果或关联的预测，我们计算了这些推断与其他因变量间的相关性。如表3.4所示，与预期相符，傲慢与观察者的以下信念呈正相关：认为解释传达出个体比他人更优秀（$r=.63$），拥有他人欠缺的品质（$r=.50$），他人因为同样原因渴望成功（$r=.22$）。谦虚的相关关系则相反。

以上结果不受成就等级影响。当个体将成绩为A－抑或得到班级最高分归因于他的高能力时，他就会被认为是傲慢的。另一项研究（Hareli & Weiner，2000）揭示出，即使在世界锦标赛中赢得金牌并创造世界纪录，对高能力的公开归因也会被视为傲慢。这意味着，连诚实的交流都可能被视为傲慢。现在我将更仔细地讨论该问题，因为真相（truth）与道德紧密相连。

102

表3.3　各类解释下傲慢与谦虚评分的均值

	解释类型							
	能力	持续努力	持续帮助	课程容易	洞察力	偶尔努力	偶尔帮助	运气
傲慢	5.33	3.43	2.27	4.09	3.27	2.57	1.91	2.85
谦虚	2.50	4.57	5.00	5.00	4.80	4.71	5.36	4.77

资料来源：Hareli & Weiner，2000，p.223.

表 3.4　　谦虚、傲慢、原因可欲性、个体自认更优秀和拥有他人欠缺的品质的程度之间的相关关系

变量	1	2	3	4	5
傲慢					
谦虚	-.56**				
自认更优秀	.63**	-.37**			
自认拥有他人欠缺的品质	.50**	-.31**	.66**		
原因可欲性	.22**	-.23**	.41**	.42**	

$^{*}p < .05$, $^{**}p < .01$.

资料来源：Hareli & Weiner，2000，p. 224.

真相如何？

我在之前的调查中报告说公开交流或陈述会影响对这个人的推断。但对这些陈述的评价是否也受其真实性（truth value）的影响？例如，众所周知，对表现的轻描淡写会提高谦虚感知，而对成就的夸大则会增强傲慢感知（Schlenker & Leary，1982）。因此，谦虚和傲慢的判断对表达者的陈述与现实的相符程度很敏感。

有人可能还会问：当能力是成功的真正原因时，关于能力的个人陈述是否被视为傲慢？同法庭上的法官一样，人们更喜欢诚实的陈述（Schlenker，1975）。因此，也许对自己能力高的真实陈述不会被认为是傲慢的，反而会增加对方的好感。同样，声称成功是由于外部的、不稳定的和不可控的原因（例如好运）的真实说法也不一定会被认为是谦虚的。这些例子表明，准确或诚实的陈述可以减少傲慢和谦虚的印象。与此同时，陈述的诚实性也可能与对傲慢或谦虚的感知无关。

为研究该问题，我们（Hareli，Weiner，& Yee，2004）进行了一项调 *103*
查，操纵了成功的真正原因和所传达原因。被试阅读了一个某人在学校成功的故事。接下来是 16 个信息组合，由 4 个真正原因乘以 4 个所传达原因组成。成功结果的 4 个真正原因和 4 个所传达原因是能力、努力、他人帮助和运气。例如，被试读到一个学生成功的真正原因和所传达原因都是能力，或真正原因是能力却以努力为所传达原因，或真正原因是努力却以能力为所传达原因，等等。一组被试评价陈述者的傲慢和诚实程度，另一组被试评价谦虚和诚实程度。除人格推断外，被试还对嫉妒和羡慕这两种道德情感进行了评分。

首先考虑嫉妒和羡慕的情感反应。嫉妒只受成功的真正原因的影响（见图3.1）。被试（大学生）嫉妒那些因为内在（自我相关）原因而成功的人，尤其是那些因为能力高而成功的人。因此，如前所述，拥有他人无法获得的独特品质的人最令人嫉妒。但嫉妒并不局限于无法获得的个人品质，因为为获得成功的努力也会引发这种情感。

当成功的真正原因内在于个体时，羡慕也会增加。图3.2显示能力和努力受到同等赞赏。因此，羡慕可能与原因可控性无关（尽管它与原因来源相关）。此外，所传达的原因在一定程度上影响羡慕——因努力工作而成功并将其陈述为原因的人最受羡慕。

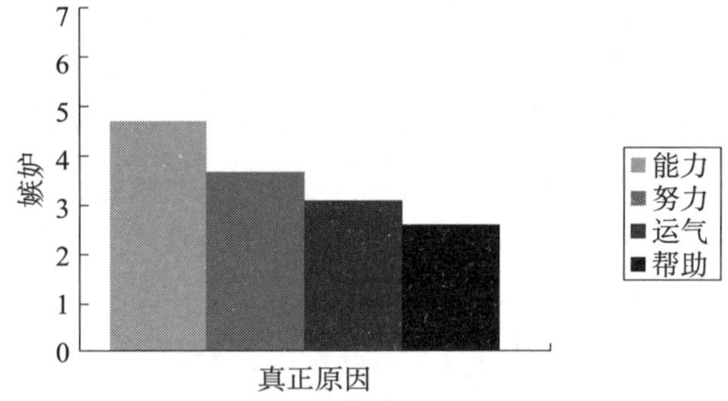

图3.1 嫉妒作为成功真正原因的函数

资料来源：Hareli，Weiner，& Yee，2004.

104

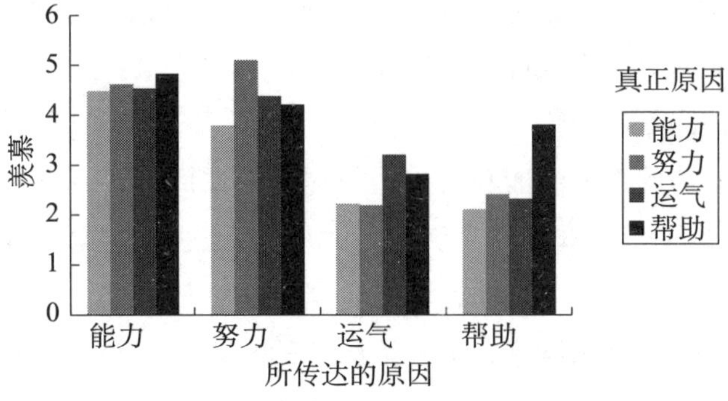

图3.2 羡慕作为成功的所传达原因和真正原因的函数

资料来源：Hareli，Weiner，& Yee，2004.

但傲慢与谦虚以及它们与诚实的关系如何呢？这里的关联更加复杂。图 3.3 呈现了作为所传达原因和真正原因函数的傲慢评分。由图可明显看出，一个人被视为傲慢的主要原因是其将能力陈述为成功原因。而且这一推断不受真正原因的影响。也就是说，当能力是成功的真正原因时，以能力为陈述原因并不能减少傲慢感知。如果爱因斯坦如此表述——“我是爱因斯坦”，那么他就是傲慢的。与此同时，真正原因和所传达的原因之间的交互作用会影响对傲慢的其他判断。例如，如果一个人因努力而成功并传达该信息，那么就不会引发傲慢感知。然而，当一个人说自己的成功源于努力，而实际上真正原因是外部原因（他人帮助或运气）时，这个人就会被认为是傲慢的。也就是说，涉及努力而非能力的原因陈述的真实性，会影响人们对傲慢的感知。除此以外唯一导致高度傲慢的原因组合是成功源于努力，却将运气陈述为原因。在这种情况下，运气显然被视为个人特征，类似于内在的、稳定的和不可控的能力。

人们可能会认为谦虚是傲慢的反面，关于谦虚的发现仅仅是颠倒了已经报告的内容。但如图 3.4 所示，情况并非如此。外部原因的陈述被认为 105
是谦虚的（正如内在原因的陈述被认为是傲慢的）。然而，当真正原因内在于个体时，情况尤其如此。例如，声称凭借运气而成功，但能力才是真正的原因，这种说法被认为是非常谦虚的。因此，谦虚在某种程度上是一

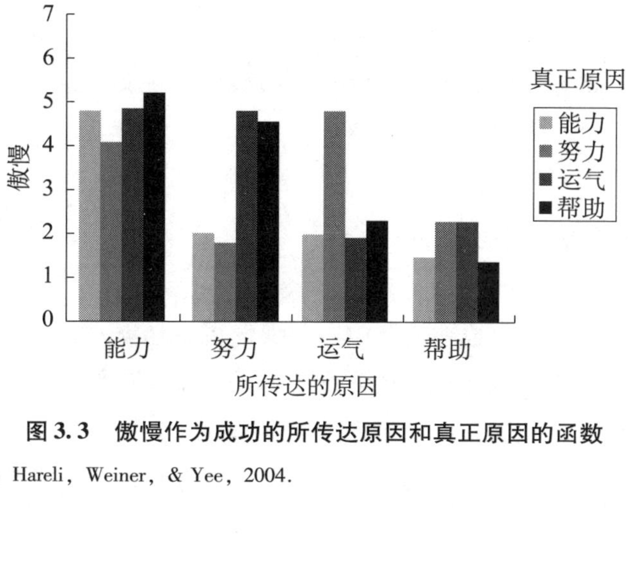

图 3.3　傲慢作为成功的所传达原因和真正原因的函数

资料来源：Hareli, Weiner, & Yee, 2004.

种谎言。有能力且努力的人更可能被视为完全谦虚，而那些没有能力或没有付出努力的人，则无法掩盖成功的真正内在原因，且他们的谦虚感知的程度有限。与此同时，所有人都可能被视为傲慢；当一个人声称自己有能力时，无论这句话的真实性如何，他都会被视为傲慢。

最后，并非所有的谎言都是平等的。例如，一个因为能力而成功的人，但将运气或帮助作为真正的原因来陈述，人们会认为他比这类人——他们因为运气或帮助而成功，但说能力是其成功的真正原因——更为诚实。因此，对傲慢、谦虚以及说谎理由的推断会影响诚实的印象。

总之，追溯到能力和努力的原因感知不仅与情感有关，还与具有道德内涵的人格推断有关。存在有道德和不道德的传达，而这些标签依附于特定的原因陈述。

106

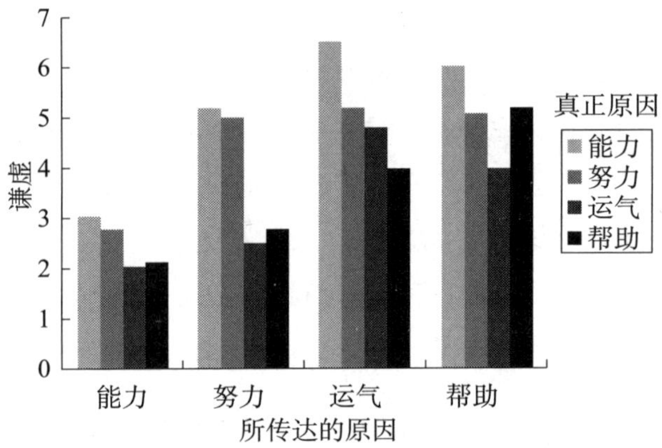

图 3.4 谦虚作为成功的所传达原因和真正原因的函数

资料来源：Hareli，Weiner，& Yee，2004.

❈ 印象形成与借口

已有研究表明，在成功情境中，印象形成是活跃且良好的，这可以通过操纵原因陈述来实现。它在社会目标方面特别有价值，其所负载的信息深受赞许：成功不是因高能力而是因刻苦勤奋。

但与社会越轨和/或道德越轨（失败）的情境相反，成就语境可能不是研究印象形成和道德情感的最丰富舞台。这是因为成就奋斗发生在奖励导向的体制中——个人尤其会因为与社会规范不一致的独特行动（产品）或行为后果而得到奖励。但道德越轨则是在惩罚导向的体制中被评估的——个人因不同于社会规范的行为而受到特别的惩罚（见 Weiner & Peter，1973）。人们特别倾向于在不道德行为的语境中寻找修复社会伤害的策略，并试图通过创造更好的自我印象来限制惩罚。其原则在于归因搜索常由消极事件所激发（见 Weiner，1985b）。

越轨者能调动哪些策略以减少他人的负面反应？这些他人，可能是犯罪 107
行为发生后法庭上的法官，也可能是因为朋友迟到而在电影院门口苦苦等待的受害者（一个“社会困境”）。本书一直在论证，减少对负面事件、状态、行为等所负的个人责任感知会减少惩罚。因此，责任信念的改变，是越轨者追求的目标，且这一目标可以通过提供适当的辩解或解释来实现。

可用商业交易语言（隐喻）来描绘这种辩解。我们“欠”“给”或“提供”辩解，而他人“收到”“接受”或“拒绝”这个辩解。因此，在两者之间即加害者和被加害者之间存在交易。这种辩解经常试图“中和”预期的负面评价（Scott & Lyman，1968）。也就是说，辩解是防止谴责和惩罚的“对话流”，它服务于社会及个人的需求和目标。

在旧作《责任推断》（Weiner，1995）中，我曾构造辩解的分类学图式，现在它依然可用（见表 3. 5）。表 3. 5 的左侧显示了寻找完全责任人过程中的各个阶段。初始阶段需要负面结果（状态、行为、事件等），如在电影院门口苦等。随后受害者将结果归因于加害者的个人原因（“就是因为简”）。在下一阶段，个人原因被认为是她可控制的（“她没有努力按时到达”）。最后，并没有责任减轻情节，如“她总是必须在离开家之前帮妈妈上床睡觉”。如果行为被归结于内部可控的原因且没有责任减轻情节，她得承担全责。

表 3. 5 的右半部分揭示了辩解者减轻责任和责备的策略。它们终止了责任推断过程。首先可断言负面结果没有发生（否认）。这是一个原始策略，最可能被幼儿使用（“饼干没有丢失”或者“我没有拿饼干”）。当然，否认并不局限于单一年龄组（例如，迟到者可以在电影院门口对指责

者说："我没有迟到，我们约定好在这个时间见面。"）。尽管如此，否认是基本的——它通常可以被反驳，且无须对责任过程有复杂的理解。否认是夸大/自大的（assertive）辩解，并经常加剧人际冲突。这与其他试图降低双方冲突的缓和性辩解形成了鲜明对比（见 McLaughlin，Cody，& O'Hair，1983；Takaku，2000）。

108 **表 3.5　促进无责推断策略的责任过程**

责任过程的阶段	策略
负面结果发生	拒绝承认结果（否认）
他人将结果归结于加害者内在原因	归结于外部因素（借口）
他人将结果归结于加害者可控原因	归结于不可控原因（借口）
没觉得有责任减轻情节	断言责任减轻情节（借口和合理化）
进行责任推断	道歉和坦白

资料来源：Weiner，1995，p. 218.

借口

表 3.5 中的另外两个阶段揭示了责任解除过程：同意负面事件已经发生但并不归结于自我，或者归结于自我但原因不可控。这些归因操纵或印象管理技巧被称为**借口**（excuses，ex = from，cuse = cause；从一个原因到另一个原因）。正如施伦克尔等（Schlenker，Pontari，& Christopher，2001）所言：

> 借口是服务于自我的说明或辩解，旨在减少当事人对可质疑事件的责任，从而让自我的核心与事故疏离（Schlenker，1980，1982，1997；Scott & Lyman，1968；Snyder，Higgins，& Stucky，1983；Tedeschi & Riess，1981）。其目标是说服受众，也常常包括自己：这事故并不是（我）当事人的错。……果真如此，他可以最小化事件的负面影响……以及因失败和越轨行为而可能受到的惩罚。(p. 15)

借口位于自大的辩解与缓和性辩解之间。通过减少责任推断，它们有可能减少人际冲突；但如果受害者认为越轨者既不承担责任，也不想请求宽恕，那冲突就会恶化。

当然，当事双方可能无法就借口的可接受性达成一致。迪伦（Dillon，1998）向大学生和教师提供了一个学生缺课的48种借口，并要求他们评估“借口的合理性”。框3.3列出了部分借口供读者评估。 *109*

在21种借口中，学生和教师都认为其中有合理的借口（“我得了流感”“我去做陪审员”“我得参加另一门课的田野调查”“公交车晚了”；见框3.3中的1～4），也有不合理的借口（“我要去健身”“我要在家装电话”；见框3.3中的7～8）。很明显，可接受的借口，要么外在于学生（陪审员职责），要么是内在的但不受意志控制（流感）；而拙劣的借口，则是可控的，且个人可改变。若是前类借口，教师不应该生气或训斥学生；但不可接受的借口必将引发愤怒和训斥。读者可以查看框3.3中的借口条目，确定自己是否认同它们。

框3.3　借口的可接受性

评定以下借口的可接受性（是或否）：

1. 我得了流感。 ____________
2. 我去做陪审员。 ____________
3. 我得参加另一门课的田野调查。 ____________
4. 公交车晚了。 ____________
5. 我最近过敏不太舒服。 ____________
6. 我嗓子疼。 ____________
7. 我要在家装电话。 ____________
8. 我要去健身。 ____________
9. 闹钟失灵。 ____________
10. 我要准备考试。 ____________
11. 我预订了当天的航班。 ____________
12. 我得注册下学期的课程。 ____________

但在对另外27种借口可接受性的评估中，学生和教师差异显著（见框3.3中的9~12)。分歧最大的借口是“闹钟失灵”：学生们认为这是可以接受的，但教师们的意见明显不同。学生显然将其理解为外在的不可控原因，与陪审员的职责类似；但教师则认为这是内在且可控的，或者是疏
110 忽（即使结果并非故意，学生也能掌控这个原因并要担责）。双方评定有异的还有其他理由，如“我预订了当天的航班”“我被会议耽误了”“我感到压力很大”。可预见教师和学生会就这些借口产生冲突。教师认为学生道德越轨，应该受到惩罚；而学生则认为教师的负面反应不应当也不公平。

以上这些分歧，并不对归因动机论构成威胁，因为归因论接受现象学的前提。一个原因可控抑或不可控，取决于“在我看来如何”。教师眼中似乎可控和疏忽的事情，学生可能会认为是不可控的。但一旦原因被分类，特定的情感通常会随之而来（如教师的愤怒），尽管调节变量可能会改变主导序列。

为进一步探讨借口问题，我们（Weiner, Amirkhan, Folkes, & Verette, 1987）利用实验操纵而非回忆或纯粹判断的方法，让被试配对参与实验。被试要找自己的房间。其中一个被试被耽搁了15分钟，而另一个被试则受主试引导，相信他的伙伴迟到了。

随后，延误的被试被要求进入伙伴的房间，并要给出一个“坏借口”“好借口”或者任意借口。延误者的报告见表3.6。在“坏借口”条件下，他们表达了可控原因，包括疏忽（“我忘记了”）或自由选择的迟到（“我碰见一些朋友，停下来聊天”）。在“好借口”条件下，被试传达了道德上的合理化，包括突发事件（“我不得不带我母亲去医院”），或者不可控的原因，如交通/到达问题（“我找不到实验室”）或学校要求（“我的期中考试时间延长了”）。“任意借口”条件下的报告与“好借口”条件下的报告相似，因此被试通常会陈述能够免除他们个人责任的原因。

为收集与借口的目标和有效性相关的证据，苦等的被试在见面交流后被问及对迟到被试的印象。它们以情感反应（积极和消极情感）、特质（喜爱和厌恶）和未来社会行为的评定来编码。如表3.7所示，这些数据揭示了与好借口或任意借口（事实上是好的）相比，坏借口所引发情感的

积极性、性格感知和良好的人际行为均会降低。因此，借口是有作用的，它将借口者的概念地位从图1.4的上半部分（有责）转换到下半部分（无责）。诉诸外部不可控原因的归因有诸多例证，如经历学业困难的儿童（Tollefson，Hsia，& Townsend，1991）、虐待配偶者（Overholser & Moll，1990）、强奸犯（Kleinke，Wallis，& Stadler，1992；Scully & Marolla，1984）和暴力罪犯（Henderson & Hewstone，1984），都证明了在失败和越轨情境中借口（找寻）的普遍性和广泛性。 111

表3.6　解释类别和频率作为实验条件的函数

解释类别	实验条件		
	坏（$n=17$）	好（$n=18$）	任意（$n=19$）
突发事件	1	6	3
交通、距离、空间	1	5	3
学校要求	0	4	5
疏忽	7	0	2
自由选择	6	0	0
丢失某物	1	2	2
杂项/多类别	1	1	4

资料来源：Weiner，Amirkhan，Folkes，& Verette，1987，p. 321.

表3.7　借口接收者的评价均值作为实验条件的函数

	实验条件		
	好	任意	坏
积极情感	6.15	5.92	5.32
优良品质	5.37	5.29	4.71
社会行为	5.76	5.84	5.18

资料来源：Weiner，Amirkhan，Folkes，& Verette，1987，p. 322.

鉴于辩解在个人和法律环境中的使用和有效性，它们在组织环境中发挥作用也就不足为奇。再次引用施伦克尔等（2001）的话：

> 在组织环境中，员工可用借口来修复受损形象，管理层则可用借口安抚员工，组织本身也可用借口来美化其在不愉快的顾客甚至公众眼中的形象（Rosenfeld et al.，1995）。在组织中，借口甚至是合法化策略，因为有证据表明，在困难时期，比如预算削减、工资不足、裁员和绩效评估不佳时，借口能有效保持员工士气（Bies & Sitkin， 112

> 1992）。最近大多数大公司设立“舆论引导专家”（spin doctor）职位，说明了向公众推送有创意的、旨在修复形象的借口的重要性。（p. 16）

当然，找借口的功用，并不止于减少责任、愤怒和来自他人的惩罚。个人还可用借口来保护自尊，以免受失败归因的消极影响（见 Crocker & Major，1989；Major，Kaiser，& McCoy，2003）。借口也因许多因素而异，如越轨者的年龄、互动双方的社会地位、越轨行为的文化背景。此外，借口并不总是有效（见 Lee & Robinson，2000），尤其是当聆听者将其理解为推卸责任的手段时。正如施伦克尔等（2001）所指出的，借口往往损害借口提供者的诚信，可能不符合各方的最佳利益。

因此，以上所述不是详细检验借口复杂性，而是明示无可争议的发现。借口是素朴心理学或日常心理学的一部分，是改变责任判断、愤怒和惩罚的常用且有效的战略手段。找借口过程，似乎涉及两个序列：其一为肇事者的预估序列，其二为替代序列（如果得其所愿）。它们分别是：

1. 社会越轨—被视为内在于肇事者，可控且没有责任减轻情节—肇事者须负责—他人很生气—预估会遭到拒绝、惩罚或报复。
2. 社会越轨—被视为外在于肇事者，不可控且/或有责任减轻情节—肇事者无须负责—他人不生气—预估不会遭到拒绝、惩罚或报复。

也就是说，肇事者试图从图 1.4 的上半部分退回到下半部分，或从“罪”退回到“病”（尽管他不会这样自我描述）。

113

合理化

当个体坚称自身行为基于更高的道德目标，以此来合理化其越轨行为时，图 1.4 中的上下两部分的概念重置就显而易见。例如，因帮助有需要的盲人而未能准时抵达电影院将被认为是合理的；也就是说，正义得到伸张，从而减少迟到的责任并平息愤怒。虽然迟到源于自由选择这一责任感知的前提，但越轨者却不受责备和罪罚。然而，与找借口类似，合理化可能不被接受，从而加重而非减轻责任。如“我要带妈妈逛商场”的辩解，就会激发抗拒，因为你可改天择时。

尽管合理化值得更多关注，但我现在不打算进一步讨论合理化策略。我将转向坦白和宽恕，部分原因在于两者更是思想和实验研究的主题。

❖ 坦白或忏悔

坦白或忏悔，是越轨或不端行为发生后最不自夸的辩解。事实上，坦白甚至不是辩解，其目的是将事件的意义由罪改变为更可接受的代价。埃布尔（Abel，1998）认为坦白是越轨者表达“道德自卑”的一种手段，受害者因而可决定是否接受坦白。若接受，则双方地位平等；若拒绝接受，不平等依然如故。

此外，坦白可能不是改变事件意义的有意策略，而是源于压倒一切的内疚。荣格（Jung，1933）指出，“每个私人秘密都有罪或疚的效果”（p. 34），它驱使个人承认错误。坦白的冲动，被精神分析学的文献所证实（见 Belgum，1963），如被偶然抓获却饱受折磨的罪犯，意外坦白几年前的另一罪行。

无论坦白是否被视为辩解，它都是一种“对话措施”，其目标通常是改善人际关系。坦白的首要目的，是让受害者原谅自己。坦白和宽恕之间有一种公认的联系。这种关系镌刻在格言谚语中，如“浪子回头金不换”。
而经文有言，坦白或忏悔是神圣宽恕的必要条件。在圣约翰对神的确证 *114*
中，经文有言：“我们若认自己的罪，神是信实的，是公义的，必要赦免我们的罪。”（《约翰一书》1：9）祈祷者就是基于这种信念，即见证如下祈求：“我有罪，主啊，宽恕我。”由神学原则所指导的宽恕与忏悔之间的联结，与这里所倡导的动机路径一致。

专家们都同意坦白有许多组成部分，包括：（a）接受行动的责任；（b）表达相关情感，如羞耻和悲伤；（c）悔恨或遗憾的迹象；（d）提供补偿或赔偿，以“平衡正义尺度”；（e）承诺今后不再卷入此类行动。坦白的要素均助其愿望达成；公开声明包含的内容越多，坦白的程度就越高（见 Holtgraves，1989；Petrucci，2002；Scher & Darley，1997）。

有相当数量的实验和观察证据表明坦白“管用”。坦白能有效地减少负面的特质感知、不良的情感反应和报复性惩罚，同时还能增加宽恕，将人际关系恢复到先前的信任和接受水平。在我和同事们进行的一项系列研究中（Weiner，Graham，Peter，& Zmuidinas，1991），被试要看一篇短文，其中一名当选的公职人员（参议员）被正确指控滥用资金。读者也可参加这个实验，实验部分载于框 3.4。

我们设计了多种实验场景：被指控的参议员或供认不讳，或否认指控，或沉默不语。被试评定参议员的诚实和可信赖程度、自身的同情和愤怒，以及要对他采取的行为（包括宽恕、惩罚和投票偏好）。如表 3.8 所示，研究结果揭示了坦白对所有这些变量的积极影响。坦白增强了对诚实和可信赖程度的感知，增加同情的同时降低了愤怒，等等。这些发现与其他许多研究相一致（如 Cody & McLaughlin，1990；Ohbuchi，Agarie，& Kameda，1989；相关综述见 Gold & Weiner，2000）。

在后来的一项研究中（Gold & Weiner，2000），我们专注于懊悔在坦白有效性中的决定作用。研究场景描绘了一位国务院工作人员被抓到向俄罗斯传递秘密文件。实验条件 1 为没有坦白，2 为毫无懊悔地坦白，3 为极度懊悔地坦白（“她哭了又哭，说她对自己的所作所为感到多么抱歉——
116 她边抽泣边说她因自己的行为感到非常难受。很明显，她真的对自己的所作所为感到非常懊悔”；Gold & Weiner，2000，p. 293）。随后，被试报告了他们对违法者的看法（道德如何）、情感反应（愤怒和同情）、她将来可能再次犯下此类罪行的可能性、建议的惩罚和宽恕。

115

框 3.4　坦白的有效性

参议员詹姆斯·邓恩（James Dunn）被控滥用其参议院报销账户。当被告知这一指控时，邓恩参议员拒绝评论。这项指控后来得到证实。

请回答以下关于邓恩参议员的问题。

1. 邓恩参议员是否诚实？

1	2	3	4	5	6	7	8	9	10
非常诚实									一点也不诚实

2. 邓恩参议员是否值得信赖？

1	2	3	4	5	6	7	8	9	10

非常值得信赖　　完全不值得信赖

3. 你同情邓恩参议员吗？

1	2	3	4	5	6	7	8	9	10

非常　　毫不

4. 你对邓恩参议员感到愤怒吗？

1	2	3	4	5	6	7	8	9	10

非常　　毫不

5. 你会宽恕邓恩参议员吗？

1	2	3	4	5	6	7	8	9	10

绝对会　　绝不会

6. 邓恩参议员应受到什么惩罚？

1	2	3	4	5	6	7	8	9	10

不受任何惩罚　　最大限度的惩罚

7. 你会给邓恩参议员投票吗？

1	2	3	4	5	6	7	8	9	10

绝不会　　绝对会

托马斯参议员被控滥用其参议院报销账户，这项指控后来得到证实。当被告知该指控时，托马斯参议员说："我道歉。我对发生的事感到非常抱歉和内疚。这是我的错，这是我的责任。我已经查看了我报销账户中所有科目，并已还清所有可能用于资助我自己竞选的活动资金。"

请回答以下关于托马斯参议员的问题。

1. 托马斯参议员是否诚实？

1	2	3	4	5	6	7	8	9	10

非常诚实　　一点也不诚实

2. 托马斯参议员是否值得信赖?

1　2　3　4　5　6　7　8　9　10

非常值得信赖　　完全不值得信赖

3. 你同情托马斯参议员吗?

1　2　3　4　5　6　7　8　9　10

非常　　毫不

4. 你对托马斯参议员感到愤怒吗?

1　2　3　4　5　6　7　8　9　10

非常　　毫不

5. 你会宽恕托马斯参议员吗?

1　2　3　4　5　6　7　8　9　10

绝对会　　绝不会

6. 托马斯参议员应受到什么惩罚?

1　2　3　4　5　6　7　8　9　10

不受任何惩罚　　最大限度的惩罚

7. 你会给托马斯参议员投票吗?

1　2　3　4　5　6　7　8　9　10

绝不会　　绝对会

如表3.9所示，毫无懊悔的坦白者的处境并不优于不坦白者：两者都不受赞许。但伴有懊悔的坦白，会产生积极的道德印象，如减少愤怒、增加同情，减少人们认为他再犯此类罪行的可能性，还有被宽恕的可能。

117 **表 3.8**　**三种实验条件下的评价均值**

	实验状态		
	控制	坦白	否认
诚实	1.71	4.13	2.71
可信赖程度	1.75	3.16	2.62
同情	2.75	3.20	2.58
愤怒	6.13	4.25	4.37

续前表

	实验状态		
	控制	坦白	否认
宽恕	1.96	4.08	2.66
惩罚	6.33	4.38	5.38
投票	1.75	3.29	3.29

资料来源：Weiner，Graham，Peter，& Zmuidinas，1991，p. 297.

表 3.9　　评分作为有无懊悔的坦白和不坦白的函数

	实验状态		
	懊悔	不懊悔	没有坦白
道德	3.65	3.09	2.62
愤怒	4.29	4.69	4.56
同情	3.55	2.28	2.42
再犯	3.29	5.72	4.83
惩罚	4.66	4.69	4.56
宽恕	4.47	2.91	3.49

资料来源：Gold & Weiner，2000，p. 295.

这些发现与媒体广泛讨论的情境有关。彼得·罗斯，一位著名的前棒球明星，被指控在棒球比赛中下注，这一行为非法且可能左右罗斯参与的比赛结果。罗斯长久以来一直否认自身有罪。但由于有强有力的证据，他实现自己执教棒球队的愿望受阻，也不被考虑进入名人堂（如果不是因为赌博指控，他肯定能够进入）。在自传和媒体采访中，他坦白了自己的错误。基于前文中的实验证据，人们可能会预期这种坦白会导致宽恕、消除 *118* 他加入棒球界的障碍。然而，他的坦白并未被积极接受。一个主要问题是罗斯几乎没有表现出懊悔。他意识到了这个缺点，说自己不善于情感表达。但这种解释遭到质疑，大众认为这是一种为了个人利益的印象管理策略。也就是说，他并非真正后悔。到目前为止，罗斯仍未如愿寻得宽恕。

其他更典型的案件与彼得·罗斯的案件相反。在这些案件中，知名人士或在坦白后得到宽恕，或一定程度上因没有认罪而受到严厉审判。尼克松拒绝承认对民主党总部的窃听，但他显然脱不了干系。许多学者认为，如果他坦白，弹劾就不会发生（相关综述见 Weiner，1995）。

当坦白被认为是获取宽恕和其他收益的有效策略时，为什么还有人不坦白呢？可能是这些违法者没有意识到其越轨行为所造成的伤害。或者，也许否认和其他自我美化机制会干扰理性判断。无论什么原因，不承认自身卷入违法行为通常都是不正常的。众所周知，拒绝认罪必然会产生不利后果，特别是与坦白相比（见 Weiner et al.，1991）。但如果罪行不确定，那么否认可能是比坦白更有效的个人策略。向警察坦白你闯了红灯可能会被罚款！

坦白为何有效

坦白为什么起作用？从归因的角度来看，坦白应该会产生不利后果。越轨者承担全部责任，这在理论上增加了愤怒和随后的惩罚或报复等等。但事实与之相反。这是否意味着归因动机论不能延伸到这个领域，或者无法解释这些明显矛盾的发现？

坦白是一种有效的策略的证据尽管不足，但对此已经有多种解释。可能有不同机制促成了坦白的积极后果。其中一些解释可以溯源到惩罚的两个目的：效用（人的工具性改变）和报复（报复越轨者）。下一章将详细
119 阐述这一点。在对坦白有效性的功利主义解释中，伴有懊悔的坦白表明越轨者承认违反了自身认可的道德规则。布卢姆斯坦等（Blumstein et al.，1974）这样论证：

> 罪犯也可以通过悔罪重回适当的道德位置。通过尊重他所违反的规则，罪犯有权要求重新获得被冒犯方的道德恩惠。……表现出悔悟，就像声称责任减轻一样，分裂了罪犯身份。他为自己的行为担责，并接受对自身道德品质的暂时打击，同时重申他至高无上的公义（规则觉知）。（p. 552）

这种立场的可替代表述是，坦白可以修复一个人的社会身份。坦白意味着，他供认做了坏事，但并非坏人。也就是说，罪犯有“人性的一面”。用归因术语，坦白切断了从行动到特质的联结。正如戈夫曼（Goffman，1971）所言：“道歉（常与坦白同义）是种姿态，由此将自己一分为二。

其一部分有罪；而另一部分与罪行无关，并确认对被冒犯规则的信仰。”（p. 113）

为在当前的理论框架内把握这种观点，必须添加新概念和新关系。归因动机论假设从行为事件开始，之后是原因推断，然后是个人控制和行为责任推断，再后是愤怒和同情，以及行为反应。要添加的步骤是从行为责任到性格推断，它也会激发情感和行为。坦白打破了行为-性格联结，违法者不再被视为坏人。如前所述，坦白者声称有罪，但仍然是一个有道德的人。理论图式可重构如下：

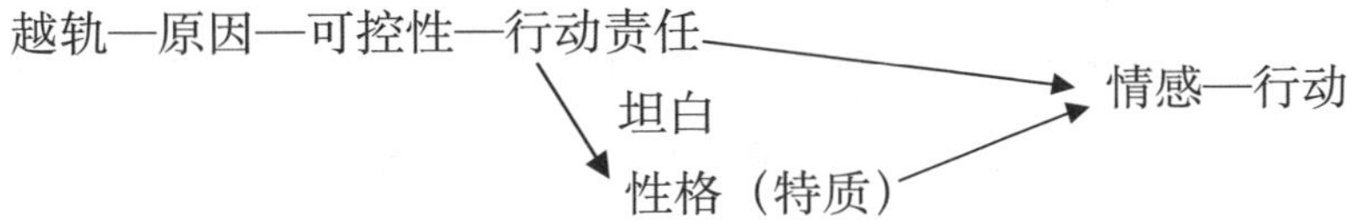

在大多数情况下，就预测而言，从行为事件到性格推断的概括化并非必要，但有时则合理也必要。尽管责任相同，但“好”人做坏事，比“坏”人做同样的坏事，受罚更轻。这就需要在理论重构中添加性格推断。在讨论傲慢和谦虚时，已经添加这一关系链。

对“好人-坏事”的解释还有另一种概念化，它基于道德感知以外的机制。回想一下，除因果可控性之外，另一个区别原因的特性是稳定性。 120
一些原因被认为是相对持久的（如天资），而另一些被认为是短暂的（如运气）。坦白可能会影响对行为不端潜在原因稳定性的推断，进而影响对未来越轨可能性的预期。没有坦白的越轨或没有懊悔的坦白，表明犯罪是由“坏种子”或其他持久的人格特质造成的。与此同时，如果坦白瓦解了该行为与持久人格特质之间的联系，那么越轨很可能被归因于不稳定的原因（例如判断上的瞬间错误）。与其说坦白影响愤怒，不如说坦白导致的归因转变，影响因果稳定性和对未来不道德行为的预期。如果这种预期降低，那么就不会唤起惩罚的功利性目的，惩罚也会减轻。

为支持这一立场，请回顾我们的研究（Gold & Weiner，2000）。我们描述的犯罪是向俄罗斯传递秘密情报，犯叛国罪的人坦白、不坦白或者沉默。如表 3.9 所示，坦白与懊悔有效地降低了各种负面判断。最显著的影响，关涉对因果稳定性的推断以及对未来越轨行为的预期（“再次犯罪”）。在充满懊悔的坦白之后，这些影响显著减少。此外，使用复杂的统计程序，我们证明了如果控制懊悔对稳定性的影响，那么除却道德判断，懊悔对其他测量变量的影响大大降低。也就是说，坦白的有效性主要取决于对因果关系和行为稳定性的推断，更少取决于对越轨者的道德感知。

有关坦白有效性，上述讨论主要集中于坦白-功利性惩罚联结，但也有坦白-报复联结的推测性解释。一次伴有极度懊悔的坦白，可能标志着越轨者感到内疚并遭受了痛苦。因此，基于报复或“扯平”的目标，要判决的徒刑似乎已经执行。这降低了惩罚。

宽恕 由此可知，在坦白（甚至借口）之后，一个人可能被宽恕，但也可能不被宽恕。随着时间推移，宽恕的馈赠并不是突然的、全有或全无的过程。宽恕受制于许多变量，如同理心、观点采择、对所造成伤害的反
121 思、关系满意度和承诺（见 McCullough，2000）。这是一种适应性反应，因为不宽恕会产生逃避对方的强烈动机，以及报复或其他伤害的欲望。但这些反社会反应会随宽恕而消散。因此，宽恕是重建关系的亲社会行为（见 Fincham，2000）。

根据芬查姆（Fincham，2000），“责任构念可用于分析宽恕”（p. 3）。在一定程度上，如果对方无须对越轨行为担责，那么就没有什么可宽恕的。因此，“宽恕发生在完全知悉越轨者应对伤害担责的情况下，加害者因此丧失了获得受害者同情、喜爱或信任的任何权利，受害者有权感到愤慨”（Fincham，2000，p. 4）。此外，影响责任判断的过程也影响宽恕；原因、意向与同情和愤怒也在宽恕中发挥作用。但我不会深究宽恕过程，那远离本书目标。然而，重要的是要认识到坦白-宽恕联结非常复杂。

❖ 再思辩解

在讨论否认、借口、合理化和坦白的时候，我再次愧于追求简洁和节省原则（但我不认为这是罪过）。如此决断使我疏忽了许多复杂的影响因素，如辩解的选择或偏好、辩解内容、辩解有效性等。而不同性别、发展

水平、辩解互动双方的地位等，也会对辩解产生巨大影响（见 Takaku，2000)。如女性比男性更容易道歉和表达后悔，她们对坦白的反应也更积极。

此外，文化也会影响辩解的许多面向。先来看高久（Takaku，2000）的数据，他让日本和美国的被试判断辩解的适当性。除文化变量之外，他还在实验中操纵受害者的地位。结果发现日本被试认为道歉（坦白）更合适，而美国被试则认为借口、合理化和回避（否认）更容易被接受。也就是说，日本人认同谦逊温和的理由，而美国人更偏好自大/夸大的陈述。众所周知，比之美国人，日本人更渴望维持积极的人际关系和社会秩序。这能解释这种数据模式。此外，在日本，当受害者社会地位较高时，道歉 122
尤为合适。因此，在讨论辩解时，我疏忽了文化和地位这两个影响变量。

然而，如高久（2000）所言：

> 根据辩解类型对责任、愤怒和同情评定影响的归因分析，强烈支持……日本人和美国人的归因模式非常相似。……无论文化背景如何，所有被试对不同辩解的情感反应模式预期都是相似的。在操纵违规者责任感知过程中，这些情感反应与辩解有效性直接相关。(pp. 385－386)

总之，贯穿全书，文化和个体差异可以被整合进归因动机论的普遍框架中，无须改变其“深层结构”。尽管不同的文化或不同的性别所选择的辩解不同，但基本过程显然一如既往：事件—归因信念—责任判断—情感—行动。

小结

本书支持的最基本原则是，动机是情感的直接结果，而情感由思想引导，或具体而言，由对归因和责任感知的认知评估引导。这些原因具有道德含义，并与应该、应当和责备之类的词语相联系。与这些描述相关的情感也有道德内涵。

本章识别了12种道德情感。其中，愤怒和同情在前面的章节有广泛的探讨，并在成就评价、对受污者的反应、助人、对胁迫性越轨行为的反应和攻击等行为中起中介作用。其余的道德情感是羡慕、嫉妒、感激、罪疚、愤慨、妒忌、后悔、幸灾乐祸、蔑视和羞耻。可根据三种属性来描述这些情感：表达的目标（自我对他人）、因果联系（能力对努力）和效价（积极或消极）。大多数道德情感（如愤怒和感激）指向他人，并且与努力相关，这与它们的调控功能一致。此外，三种情感被标记为“不道德的”（嫉妒、蔑视、羞耻），因为惩罚（负面情感）是在原因超出目标对象的意志控制（能力不足）的情况下造成的。

除却愤怒和同情，对道德情感的识别，提供了宝贵机会来审视原因—
123 情感—行为的附带联结。动机的“深层结构”，不限于愤怒/同情及其相关行为，而是贯穿任何特定的情感—行为反应模式。因此，能力缺乏—蔑视—忽视的动机序列，与本书的主题一致，尽管这些对低能力的反应不包括同情和亲社会行为。为了提炼普遍规律，必须审视基础结构或基因型，而非外部特征或表型。

作为道德情感的对象，在交流行为原因时美化自身的道德形象，会让自己受益。努力是成功的原因，缺乏能力是失败的原因，这些都是促使他人做出积极道德反应的前因。因努力工作而成功的个体会受到赞美，而因能力低下而失败的个体则会引发同情。明了这些关系，个体便会选择具有积极个人利益的因果陈述，例如公开声明努力或运气是其成功的原因。这促进了谦虚推断。相反，无论真正原因如何，将高能力陈述为个人成功的原因，都会产生傲慢推断。

原因的传达发生在各种语境中，表现为借口、合理化和坦白。借口意味着当事人试图把内在可控的原因转变为外部和/或不可控的原因。这消除了可能的愤怒和反社会行为。借口是适应性反应，尽管它们有些武断，可能会产生负面影响。类似地，合理化这种辩解方式也有些自大，因为辩解者通过呼吁更高的道德目标而非承担责任来合理化自己的越轨行为。

而坦白是一种温和谦逊的辩解，因为越轨者完全承担责任。伴随懊悔的坦白是一种特别有效的策略——越轨者被认为是一个更好（更道德）的人，并且其被推断再次越轨的可能性会降低。坦白经常（但不总是）导致宽恕。而宽恕是一个复杂的心理过程，有许多决定因素。

本书一直主张，社会生活由神学和法律规则所指导。因此，有必要声明情感有道德基础，可以被包含在神学领域中。如同责任判断，情感可好可坏，可对可错。正如惩罚和申斥，情感也可被视为“正当的”或“罪有应得的”。因此，情感有道德与不道德之分，但都可涵括在人作为法官和生活作为法庭的隐喻中。

124

第四章 奖赏与惩罚

奖赏和惩罚在动机过程中的重要作用贯穿全书，尽管它通常隐而不彰。例如，成就评价可被视为奖赏或惩罚；帮助他人是一种奖赏，而攻击则是一种惩罚；越轨行为也是在奖赏和惩罚作为权力源的语境中进行讨论的。甚至导向自己（骄傲、内疚）和他人（感激、愤怒）的情感，也有奖赏和惩罚性质。因此，我现在转向这个论题，从归因视角详细阐述奖赏和惩罚的前因与后果。

心理学研究最多的课题之一是奖惩问题。这个普遍现象部分可以追溯到奖赏和惩罚对动机和绩效有明显影响的日常观察，以及行为主义对心理学的影响。从行为主义者的观点来看，这是合乎逻辑的推理，且实验证明奖赏增加了反应的可能性，而惩罚降低了反应再次发生的可能性。这些原则或定律最早出现在威廉·詹姆斯的学生桑代克（Thorndike，1911）的著作中。基于对动物学习的研究，桑代克（1911）提出了颇具影响力的效果律（Law of Effect）。效果律认为，当刺激—反应序列跟随“令人满意的事态”时，这种联系的强度就会增加。但当这种联系伴随着“恼人的事态”时，这种联系或其力量就会减弱。桑代克的效果律把握了“过去的享乐主
125 义”，因为积极和消极的结果改变了先前反应的可能性，而不是像期望价值理论所表达的，将个体推向可欲状态或“未来的享乐主义”。

桑代克的结论符合日常信念，也是素朴心理学的一部分。如果我们的孩子做了我们认可的行为，那么他会因将来也会发生同样行为的希望而受到奖赏。但如果孩子把手伸进饼干罐里，那么父母的口头谴责有望抑制当

前及未来的越轨行为。桑代克在学术生涯的后期，不太确定惩罚对学习和绩效的影响。然而，他最初的陈述仍然被高度引用，特别是在斯金纳及其追随者以及行为主义阵营中。

然而，毋庸置疑，奖赏和惩罚对学习和动机的影响比行为主义者认识到的更为复杂。归因理论是阐明奖惩后果之精妙的概念图式之一。在这种语境下，我将考察社会动机和社会正义归因论应用于奖惩效果的三个研究方向。这三项工作包括：

1. 大量研究确证奖赏可能会减少卷入成就相关任务的动机，而惩罚则会增强这种动机，但并不是为了避免进一步的惩罚。这与桑代克的立场相矛盾。成功和失败后的奖赏和惩罚，对因果关系感知有意想不到的影响，这种因果关系中介了这种逆转效果。
2. 以惩罚目的为中心的研究，其指导思想是报复性目的和功利性目的在哲学上的长期区分。当焦点集中在意欲改变机体行为时，这些惩罚目的就会被忽略。对越轨行为的原因感知而不是效用，部分决定了何时报复。
3. 已有研究考察了他人对因依从权力而卷入越轨行为（其目的是得到奖赏还是逃避惩罚）个体的人格特质的推断（第一章已有介绍）。已经明了，积极的和令人嫌恶的激励所产生的越轨依从，会激发对依从者相异的个人推断。社会判断如此复杂，远远超出桑代克所论述的范围。

总之，这些研究领域证明了行为主义者关于奖赏和惩罚概念的狭隘性 126
和局限性，并为归因分析的经验和理论拓展开辟了新道路。

❖ 奖赏作为动机的抑制因素，惩罚作为动机的激励因素

基于归因动机论，最好回到图 1.4，以更好理解奖赏和惩罚对动机的影响（关于这个问题的另一种归因路径，例见 Deci，1975）。这个概念框架将知、情、行三者联系在一起，蕴含着导致奖赏抑制和惩罚促进动机的

条件。为理解这一逻辑，读者必须倒推（从右向左）图 1.4 中提及的顺序，而不是正推（从左向右）。本书忽略了这种逆转，尽管双向性早前被认为具有理论可能性。此外，当前关于奖赏和惩罚效果的分析，需要对个体内动机理论有一定的理解。本书对此未做讨论，但先前曾有关注（见 Weiner，1986）。尽管如此，读者可遵循当前的分析逻辑。

为证明奖赏对动机的负面影响和惩罚对动机的正面影响，可对成就失败进行分析。总论点如下：如果对失败的反应是愤怒、批评或其他形式的负面反馈和惩罚，那么这表明个体对糟糕的结果负有个人责任。在负有个人责任情况下，失败的原因一定是行为者可控的。失败的主要可控原因是缺乏努力。由于感知到的原因是缺乏“努力尝试”，比如在学校里学习更长时间或更努力，对未达到目标的惩罚和其他类型的负面反馈会传达给行为者。反馈内容是他们“可以”，但需要更加努力。这反过来可能导致动机增强（见 Bandura，1986），不是为了逃避惩罚，而是因为惩罚向其提供了能够改善结果的信息。

与此同时，如果失败后没有出现愤怒、责备、惩罚和其他反社会的反应，和/或同情、赞扬、助人或其他亲社会的反应，那么根据归因动机论（再次从右向左推导），行为者被认为不对失败负责。如果他不负责任，那么不良结果的原因很可能是行为者（学生）不可控的。成就失败的主要不
127 可控原因是缺乏能力（天资）。因此，在某些情况下，比如在一项简单任务上失败后，没有对失败进行惩罚，但有同情或其他亲社会的反应，这些都向学生传达了他“不行”的信息。这抑制了积极动机（见 Bandura，1986），尽管人们认识到来自他人的亲社会反应也可能带来安慰，从而提升表现。

这些分析假设来自观察者的归因相关情感、行为和其他反馈，会传达给失败的学生，而且失败的学生也会使用这些信息来进行自身的因果和责任推断。它们进一步假设观察者事实上对缺乏尝试感到愤怒（这种联系可能有例外），而同情作为表达接受和无条件尊重的积极影响，并没有超越其作为低能力暗示线索的消极影响。由这种归因信息指引的自我导向的因果信念（以及未讨论的自我导向的情感）会以前述方式影响随后的动机。

这些假设序列可总结如下：

1. 失败—传达愤怒、责备和/或批评的信息—行为者推断观察者认为自身应对失败负责—行为者推断观察者认为自身能够控制原因（例如，缺乏努力）—行为者接受这种责任判断、原因分类和因果信念，并使用这些信息推断自身能力的存在和努力的缺乏—动机增强。
2. 失败—传达同情和/或缺乏批评的信息—行为者推断观察者认为自身不对失败负责—行为者推断观察者认为自身无法控制原因（例如，缺乏能力）—行为者接受这种责任判断、原因分类和因果信念，并使用这些信息推断自身缺乏能力—动机抑制。

这些冗长而复杂的动机序列还缺乏经验证据。但存在大量系统的支持性数据，它们关涉更简单的从右向左的关系模式，即他人的亲社会或反社会情感反应与因果信念推断。我现在要论及这些研究。重申一下，探讨情感和/或行为与原因推断之联结，我不想进行完备的文献搜索。相反，我只介绍一些典型研究。

从所传达的情感和行为到因果推断 128

所传达的情感和行为被证实是因果推断的前因（线索）。这些研究主要是在发展语境中进行的（见 Graham，1990），最初的一项研究基于成年被试（Meyer，Bachmann，Biermann，Hempelmann，Ploeger，& Spiller，1979）。我们首先来考察梅耶等（Meyer et al.，1979）的这项研究。请读者在进一步阅读之前，完成框 4.1 所示的研究程序变体。

梅耶等（1979）让成年被试完成一份问卷，问卷中包含两个学生的信息，他们在解答一个简单数学问题时或成功或失败（框 4.1 只列出失败条件组信息）。在成功条件下，其中一个学生受老师表扬，而另一个仅被简单告知答案是正确的。在失败条件下，其中一个学生成为老师不满和愤怒的目标对象，另一个未遭此待遇。随后，研究被试要评定这两种条件下老师对两个学生相对能力和努力的推断。

成功条件组的发现表明，得到表扬的学生被认为能力更低，但努力程度更高。其逻辑如下：当一个人的成功是努力的结果时，他会得到最大的赞扬（见第一章和图 1.1）。但同时，归因于高努力的成功意味着这个人的能力相对较低（见 Kun & Weiner，1973）。因此，较之被忽视的人，被表扬的人被认为付出了更多努力，但能力却更弱。

而在失败条件下，受批评的学生被认为更有能力，但努力程度更低（见框 4.1 中你的反应）。当失败原因是缺乏努力时，他会受到责备（再次参见图 1.1）。但是努力不足所致的失败，则表明他能力相对较高。总之，表扬（奖赏）是低能力线索，这抑制了动机；而不快和愤怒（惩罚）提供了一个人能力高但努力不够的信息，这增强了动机。

在对梅耶等（1979）研究的拓展中，我们（Weiner，Graham，Stern，& Lawson，1982）测试的被试年龄是从 9 岁到成年，并添加了所传达的情感。实验场景设置如下：“一个学生考试不及格，老师感到愤怒、怜悯、内疚、惊讶或悲伤。老师认为学生为什么失败了？”六种归因（此处分为四类）作为反应选项：学习不够努力/从未学习；能力低下；考试太难了/老师没讲清楚；他运气不好。本次研究没有设置奖赏或表扬反馈条件组。

129

框 4.1　从惩罚到原因

想象有两个学生在教室里参加考试。两人都得了 C。老师对其中一个学生（简）的反馈是：“你得了 C。”但对另一个学生（玛丽），老师说：“你得了 C，我非常失望，也很生气。”回答以下关于学生的问题。

简

你觉得老师认为简有多能干或聪明？

1. 非常聪明
2. 聪明
3. 一般
4. 低于平均水平
5. 愚笨

你觉得老师认为简准备考试有多刻苦？

1. 非常刻苦
2. 刻苦
3. 一般
4. 低于平均水平
5. 一点也不刻苦

玛丽

你觉得老师认为玛丽有多能干或聪明？

1. 非常聪明
2. 聪明
3. 一般
4. 低于平均水平
5. 愚笨

你觉得老师认为玛丽准备考试有多刻苦？

1. 非常刻苦
2. 刻苦
3. 一般
4. 低于平均水平
5. 一点也不刻苦

两个学生

圈出老师认为更聪明的学生名字：简或玛丽。

圈出老师认为更刻苦的学生名字：简或玛丽。

出于当前的目标，我只报告有关愤怒和怜悯传达的数据。众所周知， 130
它们依次是努力缺乏和能力低下的归因所致，这构成了图 1.4 的基础。表4.1显示，在传达愤怒的情况下，被试推断老师将学生的失败归因于努力缺乏（$x=7.7$），而不是能力低下（$x=3.9$）或其他原因（老师/任务和运气）。而在表达同情的情况下，被试认为老师把失败归因于学生能力的缺乏（$x=6.1$），而不是努力缺乏（$x=3.3$）或其他原因。这种推断模式适用于所有年龄组的被试。

在后续研究中，我们（Weiner et al.，1982）的被试年龄最小为 5 岁。研究程序类似（但不完全相同）。被试只被要求在给定愤怒和怜悯的条件下，进行能力和努力的原因选择。作为情感表达和被试年龄的函数，“正确”选择的百分比见表 4.2。从表 4.2 可以明显看出，在表达愤怒的情况下，即使是 5 岁的孩子（77%）也推断缺乏努力是失败的原因。而当怜悯是所传达的原因时，这个最年轻的年龄组表现出较少的认知发展。怜悯在 7 岁时起到了前因的作用，62% 的孩子使用这一线索来推断缺乏能力是失败的原因。我们（Caprara，Pastorelli，& Weiner，1994）在意大利进行的研究重复了这一发现模式，其中，被试年龄在 7 岁及以上，甚至包括因情感不稳定和富有攻击性而被归为“危险”的儿童。

总之，在愤怒的表达中，第三方“观察者”（被试）推断失败者应负
131 其责，而第二方愤怒者则将失败归因于第一方失败者的可控原因（缺乏努力）。类似地，在表达同情或怜悯的情况下，被试推断老师认为失败者不负其责，并将消极困境归咎于不可控的原因（缺乏能力）。

表 4.1　　原因评分作为所报告情感的函数

原因	所传达的情感	
	愤怒	同情
努力	7.7	3.3
能力	3.9	6.1
老师/任务	2.5	5.3
运气	2.5	5.0

资料来源：Weiner，Graham，Stern，& Lawson，1982，p. 281.

表 4.2　　愤怒线索下努力的选择率和同情线索下能力的选择率作为年龄的函数

联系	年龄		
	5 岁	7 岁	9 岁
愤怒-努力	77%	89%	100%
同情-能力	50%	62%	72%

资料来源：Weiner，Graham，Stern，& Lawson，1982，p. 283.

格拉汉姆和巴克尔（Graham & Barker，1990）随后推进了这项研究，

将学生是否得到帮助或被忽视的推断包括在内。他们拍摄了一个模拟课堂情境的视频，其中两个学生在老师面前解决数学问题。老师主动帮助了其中一个学生，而忽视了另一个学生。看完视频后，5 到 12 岁的被试对学生的努力和能力进行了评定。在所有年龄组中，得到帮助的学生被认为能力低于被忽视的学生（见表 4.3）。对于 10 岁以下的儿童来说，得到帮助的儿童努力也更少。然而，在最大的儿童群体中出现了发展逆转，他们认为得到帮助的学生比被忽视的学生付出了更多的努力（或者，换句话说，认为被忽视的学生没有得到帮助的学生努力）。

这些研究表明，在年龄较大的儿童和成人中，不仅情感表达在与归因理论一致的方向上传递信息，助人行为也是如此。也就是说，表扬和责备（Meyer et al.，1979）、怜悯和愤怒（Weiner，Graham，Stern，& Lawson，1982）以及给予和拒绝帮助（Graham & Barker，1990），均产生了相同的归因推断模式。如果面对失败，那么没有责备、加以怜悯和主动提供帮助会引出无须负责、不可控的因果关系和能力低下的推断。与此同时，责备、愤怒和忽视会引起责任信念、可控的因果关系和缺乏努力的判断。

总之，有充分证据表明，个人使用情感和行为信息来推断因果关系。然而，在刚刚评论的研究中，没有评估对其他责任和因果可控性的判断， 132
也没有提供关于这些交流对自我相关信念、个人动机和表现的影响的证据。我现在转向另一项研究，它扩大了因变量的数量，并且是在“真实”（尽管是实验性的）语境而非“假装的”或模拟语境中进行的。但其发现（仅）部分支持了这一理论。

表 4.3　　能力和努力评分作为年龄组和帮助情况的函数

条件	年龄组			
	11～12 岁	5～6 岁	7～8 岁	9～10 岁
	对学生能力的感知			
帮助	3.1	2.3	3.3	4.3
不帮助	5.7	6.9	6.4	6.0
	对学生努力的感知			
帮助	3.6	3.6	5.2	6.1
不帮助	5.7	6.8	6.4	4.3

资料来源：Graham & Barker，1990，p. 10.

从所传达的情感和/或所推断的原因到自我归因

格拉汉姆（Graham，1984）让六年级的孩子在一项成就任务中经历失败。然后，她操纵了给被试的三种反馈条件。对部分被试，用言语和非言语线索传达愤怒（例如面部特征和姿势）；对另一部分被试，给予同情的反馈；还有一些被试没有从“老师”这里得到与归因相关的线索。然后，在一系列因变量中，孩子们要指出老师认为他们自身失败的原因、对自身失败原因的自我信念，以及他们对未来成功的期望。

首先考察老师的反馈是否包含因果信息。图 4.1 表明，在同情反馈条件下，孩子们推断老师认为他们是因为能力低而失败。与此同时，在愤怒反馈条件下，孩子们推断老师认为他们失败是因为不够努力。这些发现证实了情感表达提供了理解他人因果想法的线索，推理的方向与归因假设一致。

133

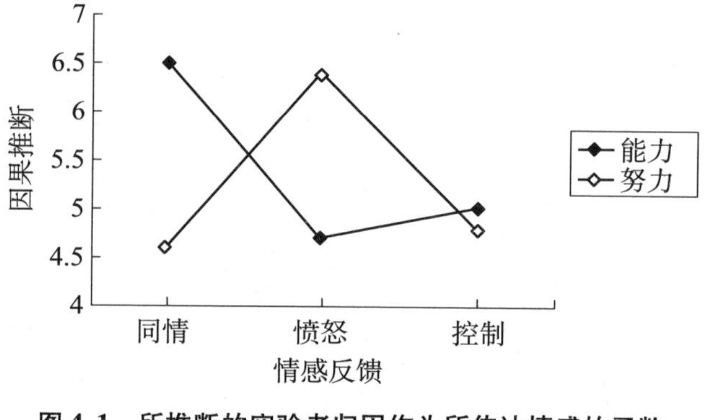

图 4.1　所推断的实验者归因作为所传达情感的函数

资料来源：Graham，1984，p. 45.

但是老师表达的情感和推断的因果信念会影响个体对自己的看法吗？图 4.2 描述了作为情感反馈函数的学生自陈的因果推断。由图可知，如果老师表示同情，那么学生认为自身失败的原因是能力低而不是努力缺乏。也就是说，学生明显接受老师的因果结论。然而，在老师愤怒的情境中，预测是不被支持的，因为作为个人失败的原因，孩子们对努力缺乏和能力低下的自我

134 认定没有明显不同。愤怒的表达不足以让他们断定自身还不够努力。

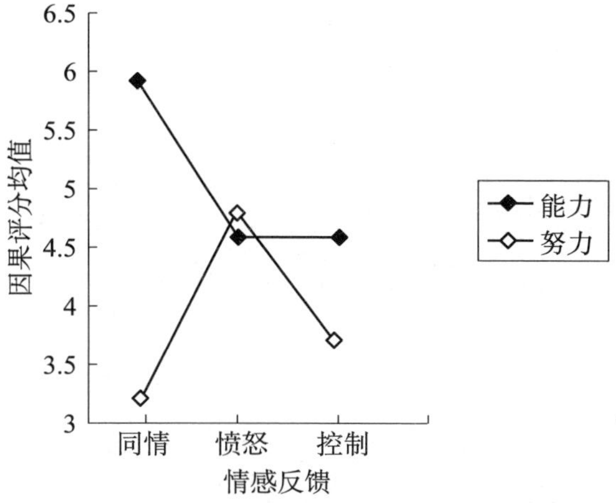

图 4.2　对失败的自我归因作为所传达情感的函数

资料来源：Graham，1984.

格拉汉姆（1984）还发现对成功的预期与情感线索以预测的方式相关：在愤怒反馈下个人预期最高，在同情表达下个人预期最低。这一排名是因为低努力被认为比低能力在更大程度上受意志变化的影响，所以如果归因于没有努力，对未来的期望应该更高。也就是说，与能力水平相比，努力支出更容易改变和“提高”（参见本章后面关于原因稳定性的讨论）。

总之，格拉汉姆在“真实”环境中的研究支持了模拟研究中的发现，即情感表达提供了关于对方在想什么的信息（从右向左的关系）。其研究补充证实了关于对方想法的推断会影响个人的因果信念，尽管只有当情感线索是同情时才有效，而在愤怒时则无效果。此外，个人对成功的期望会因同情表达而改变，可能还会因他人推断的和自我认定的因果信念而改变。因此，格拉汉姆（1984）的发现似乎是个杯子，它可以被认为是半满的或半空的，这取决于个体站在理论围栏的哪一边。作为归因动机论的旗手，我站在半满这边；在我声明不隐瞒矛盾的发现时，我站在半空这边。但本研究的主要信息是奖赏和其他正反馈可以抑制动机，而惩罚和其他负反馈可以增强承担任务的动机（其理由不是逃避进一步的惩罚）。这与行为主义者的立场正好相对。

❖ 惩罚的目的

从行为主义者的立场出发，惩罚的目的是减少不可欲反应的可能性。然而，在人类社会环境中，惩罚的目的远比这类研究中的要复杂得多，它们只是纠缠于厌恶刺激对机体操作行为的影响。哲学家早已确定了两个最重要的惩罚目的，即报复和功利（例见 Gert，1988；Moore，1987；Rawls，1955；Vidmar，2000；Vidmar & Miller，1980。而心理学家的深入讨论，见 Carlsmith，Darley，& Robinson，2002；Orth，2003）。这两个普遍的惩罚目的囊括不同的子类别，需要加以区分。

135 **报复**

报复是对过去错误的复仇，其目的是要清算先前的恶行。这一目的基于“以牙还牙”的正义理论，也就是“罪罚匹配法则”。罪罚匹配法则生动地镌刻于经文中：“以眼还眼，以牙还牙，以手还手。”（《出埃及记》21：24）罪犯“罪有应得”，或受“正义的惩罚”。由此，犯法者“偿还”了其欠受害者（最终是社会本身）的债务。基于此，在积极和消极经验的分配中，社会均衡得以达成（见 Darley & Pittman，2003）。

正义的惩罚可能会以“严格责任”规则为指导，即只有发生严重的不当行为时才能决定进行惩罚。然而，报复的决定因素通常包括主观因素。在大多数国家实行的刑事司法和大多数个人所践行的社会正义中，惩罚主体不仅要考虑伤害的程度（犯罪行为），还要考虑关涉个人责任、意图以及“犯罪心理”的推断（犯罪意图）（Hart & Honoré，1959；Katz，1987；另见第一章，其中结果和努力被视为成就评价的决定因素）。这是因为包括“犯罪心理”在内的这些因素，也“影响公民的道德性愤怒，因此也影响他们所呼吁的惩罚强度”（Carlsmith et al.，2002，p. 285）。道德上的合理化，可能是报复性正义判断中的减轻因素，就像照顾生病的父母是成就背景下缺乏努力和失败的缓和因素一样。因此，“一个贪污以维持奢侈和淫荡生活方式的人，比之一个贪污同样数额以补贴公司中报酬过低且受剥削的海外工人的人，会受到更严厉的审判”（见 Carlsmith et al.，2002，p. 284；第三章对合理化的讨论）。

大多数美国人将惩罚判决建立在报复性正义基础上（见 Carlsmith et al.，2002；Gerber & Engelhardt-Greer，1996）。各种罪行的严重性评级和建议刑期之间有高相关（例见 Klein，Newman，Weis，& Bobner，1982）。此外，死刑作为对谋杀罪的判决，在大多数国家，被大多数公民所认可。尽管如此，报复通常还带有复仇和赎罪的目的，或者使受害者受苦，但这些都不是报复的要素。报复不同于复仇，因为复仇不一定是针对犯罪行为（如社会排斥）。与报复不同的是，在复仇中，受害者希望目睹对方的痛楚。法律明确将报复而非复仇作为它的目的：如果受害者是刽子手，他将不被允 *136*
许对加害者执行死刑（对报复/复仇区别的更全面的讨论见 Nozick，1981）。报复与复仇界限之模糊，使一些外行认定报复只是一种原始的司法手段［尽管贝特森等（Batson，Bowers，Leonard，& Smith，2000）注意到这代表了一种文化进步，超越了早期的报复升级原则，即要求为所做的坏事付出更大的代价，比如“两眼换一眼”］。报复性司法系统的另一个缺点是，实施的惩罚往往不明确。例如，如果我的邻居杀了我的妻子并且他未婚，那么什么样的报复才能平衡正义的天平？如果他有妻子，她应该被杀吗？

功利主义

与专注于过去错误的报复性目的相比，功利性目的是面向未来的，旨在减少犯罪者和/或社会中其他人犯罪的可能性（Murphy & Coleman，1990）。这也被称为**结果主义立场**，并被归入威慑理论的一般规则之下。它也因专注行为控制而为行为主义立场提供了基础。

正如卡尔史密斯等（Carlsmith et al.，2002）所指出的，威慑理论假设潜在的违规者是理性的。因此，为了防止违法行为，其成本和收益必须至少相等，从而使潜在的不道德行为不可“受益”。边沁（Bentham，1962）这位奠定享乐主义原则的哲学家曾断言：“在行为的期望结果中，若痛苦的强度或价值，明显大于他所期望的快乐/善的强度或价值，他绝对会避免这一行为。”（p. 396）

这一立场导致关于惩罚的惊人结论。例如，从威慑的角度来看，私人惩罚只起到劝阻犯罪者而非社会上其他人的有限功能。因此，威慑哲学中的惩罚，应该公开实施，以便其他人也认识到任何犯罪行为的恶果。进一步来说，惩罚越公开，其严重性就越大（反之亦然），其影响便可以最大化。此外，在决策论的期望价值框架下，如果不道德行为被察觉的可能性很小（对被捕的预期较低），那么根据威慑理论，其惩罚应该非常严厉，
137 以最小化犯罪预期。从功利主义的角度来看，惩罚的严重程度不必与犯罪程度相关，而应取决于减少未来越轨的可能性。

在功利主义指导下，有许多途径可收获惩罚收益。它们包括：

1. 隔离罪犯，从而确保公众与先前罪行的受害者的安全。这可能是暂时的，也可能是长久的。因此，从功利主义的角度看，监禁是合适的。
2. 矫正/改造罪犯。干预措施旨在让罪犯“开眼”，以使他们认识到自身过去的恶行。也就是说，要改造罪犯，使其欲望、价值观和行为与社会一致。改造可以在隔离期间进行，虽然隔离不是这种惩罚的先决条件，而且隔离不需要（往往也不会）假定“康复”可能性。当然，罪犯被驱逐出社会，无须惩罚者相信使罪犯更具道德的改造技术的有效性。
3. 让罪犯恐惧。对不道德行为的报复性反应，可能会降低违规者重复恶意行为的可能性，因为越轨当下就与厌恶结果相联系。这与行为主义以及享乐主义的行动原则一致。秉承这种观点的个体可能希望监狱环境更加令人厌恶，例如取消配偶探视、拆除体育设施等。注意，在隔离罪犯的情况下，不被期许的行为没有发生的机会；而在改造罪犯的情况下，违法者消除了“邪恶”的欲望；而随预期惩罚所产生的恐惧，则能使越轨者压制更多的不法行为。
4. 促进普遍威慑。功利导向的惩罚不仅与罪犯有关。正如前面在讨论公开惩罚的必要性时提到的，惩罚也可以警示他人。也就是说，公众必须接受训诫以了解违法后果，从而明白什么行为不可接受。

同报复性正义的情况一样，有人基于道德理由反对功利主义立场。例

如，有时有人争辩说，如果“惩罚无辜者”会给社会带来更大的好处，功利主义立场将支持这一行为。此外，一些哲学家认为，任何关于个人判决的决定都不应影响到其他不涉及该违法行为的他人。此外，由于结果主义经常忽视作为司法决定因素的犯罪严重性和责任减轻情节，它也忽视了惩 138
罚的许多道德方面。最后，如前所示，采用功利主义而非报复主义的观点，轻微的犯罪可能会受到更严厉的惩罚。因此，功利主义比报复主义“更道德”、更能代表先进文明的观点，并没有被普遍接受。

❖ 归因视角下的惩罚目的

惩罚的报复性和功利性目的，往往是通过惩罚行为同时实现的（例如，死刑确保凶手不会再次杀人，也可能是一种“命偿”）。类似地，报复主义者可能会以长期徒刑伸张正义，而改造主义者则会采用同样的刑罚给罪犯矫正的时间。尽管如此，我们有理由追问：是什么决定了惩罚的目的？在特定时间内达成这一目的的手段是什么？许多因素影响着这些问题的答案，包括文化规范、法官性别、犯罪规模和公众恐惧程度以及公开认可某些信念后的政治利益等等（见 Bailey & Peterson，1994；Ellsworth & Gross，1994；Roberts & Stalans，1997）。对越轨行为的归因是惩罚目的的决定因素之一，因此归因与此问题相关。

再次回到主导的动机过程，越轨后的时间序列包括归因和惩罚目的：

越轨—原因感知—原因的可控性—责任推断—情感反应—惩罚目的。

为了更仔细地审视这个动机序列，首先考虑可为个人控制的越轨行为，如图 1.4 上半部分所示。鉴于可控的原因以及关联的责任判断和愤怒，法官会寻求报复性正义。也就是说，报复需要自由意志感知和罪行判断。与此同时，如图 1.4 下半部分所示，越轨行为也会因不可控的原因发生。不可控的归因会引发无责判断和同情。在这种情况下，惩罚实施则基于功利性而非报复性目的。因此，融会惩罚目的的前述动机序列，可以细分为两个更具体的动机链：

139 1. 越轨—原因感知—原因可控—个体有责—愤怒且没有同情—报复性目的是首要的。
2. 越轨—原因感知—原因不可控—个体无责—不愤怒且有同情—功利性目的是首要的。

原因稳定性

前述的动机原则，并不独立于第一章已有阐释的因果性的另一个关键属性，即因果稳定性。回顾原因的三个基本特征（来源、可控性和稳定性）可发现，尽管到目前为止，我主要关注前两个；但稳定性也是基本的原因属性，在考虑惩罚目的和决定时，它生死攸关。

原因稳定性的基本概念很容易把握。如果一个原因是稳定的，例如能力倾向、遗传倾向或不变的环境，那么它的影响预计会在未来场合再次出现（见 Weiner，1986）。毕竟，根据西方逻辑，如果原因再次出现，结果也会出现。因此可以推测这些人将再次失败或违法，如因为太矮而输掉篮球比赛，因为没有数学天赋而数学不及格，或因为“邪恶人格”而犯罪（见 Carroll，1979；Carroll & Burke，1990）。这在当前语境中很重要，因为若原因被认为是持久的，那么其功利性目的（如罪犯矫正）就会被认为无法达成，从而影响惩罚决定和手段。改变“坏种子”的尝试，可能徒劳无功。

但也有不稳定的原因。由于扭伤脚踝所以篮球打得不好，因为暂时缺乏努力或严重流感而数学不及格，以及因为想给朋友买一份特殊礼物而犯罪，这些情形将激发负面行为不会重复的信念，因为原因将不复存在。因为原因不稳定，未来可能不同于现在。由此，惩罚主体有可资利用的完备选择和干预措施，从而相信能对越轨者施加积极影响。

因果感知与惩罚目的和决策：经验研究

这里的首要问题是归因动机论是否能从成就失败语境拓展至越轨-犯罪语境，因为前述议题都服从同样的归因法则。为了探索惩罚规则的普遍
140 性问题，我们（Weiner，Graham，& Reyna，1997）设置了三种不同的

"罪行"情境，即成就失败、入室盗窃和谋杀，并且操纵了行为原因可控性和稳定性，而成年被试被要求建议惩罚的严厉程度，并指明这种惩罚在多大程度上是出于功利性目的，在多大程度上是为了报复性目的。如框4.2所示，读者可就其中一些场景给出自己的回答。

由框4.2可知，在可控而稳定的成就情境中，学生被描述为因为从不努力学习而考试不及格。与之对应的入室盗窃（不在框4.2中）和谋杀的因果情境，所负载的信息是被告多次选择偷窃或有长期的包括谋杀在内的故意暴力行为。而在不可控和不稳定的实验材料中，成就语境中的不及格学生是因为其转学时间较晚，刑事案件中车祸的发生是因为脑损伤暂时干扰了违法者的理性判断，从而导致了随后的死亡。因此，对可控性的操纵随意图和责任缓冲存在与否而变化，而对稳定性的操纵则通过是否存在跨时的明显原因以及跨时的行为一致性来进行。

被试要回答是否同意以下陈述（对成就失败的措辞略有不同）：

（a）我所建议的刑期是他罪有应得的［报复］。

（b）我所建议的刑期是为了降低他再犯罪的可能性［功利］。

图4.3表明是否认可惩罚目的或功利性目的是越轨类型的函数。该图揭示了惩罚目的受所究事件的影响，谋杀最有可能引发报复性的欲望（见Ellsworth & Gross，1994），而成就失败最有可能引发功利性的担忧。更重要的是图4.3揭示出事件原因也影响对惩罚目的的权衡。

如果这些结果的原因不可控，亦即没有责任（每种罪行的左半部分），那么较之原因可控且越轨者负责（每种罪行的右半部分）的情形，惩罚目的的报复性要小。在可控和稳定的因果关系中（每种罪行的最后一点），惩罚目的在三种情况下都是报复性的。因此，人们惩罚惯犯和懒惰的学生，以"报复"他们。我推测读者的反应模式应该类似。综上，作为越轨原因的函数，对惩罚目的的权衡存在分化。

这项研究审视了行为原因和惩罚目的之间的联系，但没有论及动机序列。在其他研究中，我们检验了干预和中介过程。在接下来的研究中（Graham，Weiner，& Zucker，1997），只给被试一个犯罪主题。讨论完这项研究，我们再分析成就背景下的惩罚过程（Reyna & Weiner，2001）。 141

框4.2　惩罚目的

下面展示的是两种“罪行”：成就失败和谋杀。相应的原因如下。你需要回答应对当事人施以何种程度的惩罚，你的建议在多大程度上适用于下面两个目的：

a. 报复。建议此惩罚是因为他罪有应得。

b. 功利。建议此惩罚是为了减少其再犯的可能性。

成就失败

1. 一个学生因从不努力而考试不及格。

1　2　3　4　5　6　7

最低限度的惩罚　　最大限度的惩罚

a. 我建议此惩罚是因为他罪有应得（报复）。

1　2　3　4　5　6　7

否　　是

b. 我建议此惩罚是为了减少本事件再次发生的可能性。

1　2　3　4　5　6　7

否　　是

2. 一个学生因转学时间较晚而考试不及格。

1　2　3　4　5　6　7

最低限度的惩罚　　最大限度的惩罚

a. 我建议此惩罚是因为他罪有应得（报复）。

1　2　3　4　5　6　7

否　　是

b. 我建议此惩罚是为了减少本事件再次发生的可能性。

1　2　3　4　5　6　7

否　　是

142 3. 一场交通事故死亡一人。肇事者最近遭受的脑损伤正在康复过程中。他对车子转弯判断失误，才导致他人意外死亡。

1　2　3　4　5　6　7

最低限度的惩罚　　最大限度的惩罚

a. 我建议此惩罚是因为他罪有应得（报复）。

1　2　3　4　5　6　7

否　　是

b. 我建议此惩罚是为了减少本事件再次发生的可能性。

1　2　3　4　5　6　7

否　　是

4. 一个人故意杀害了另一个人，被告人有长期故意暴力史。

1　2　3　4　5　6　7

最低限度的惩罚　　最大限度的惩罚

a. 我建议此惩罚是因为他罪有应得（报复）。

1　2　3　4　5　6　7

否　　是

b. 我建议此惩罚是为了减少本事件再次发生的可能性。

1　2　3　4　5　6　7

否　　是

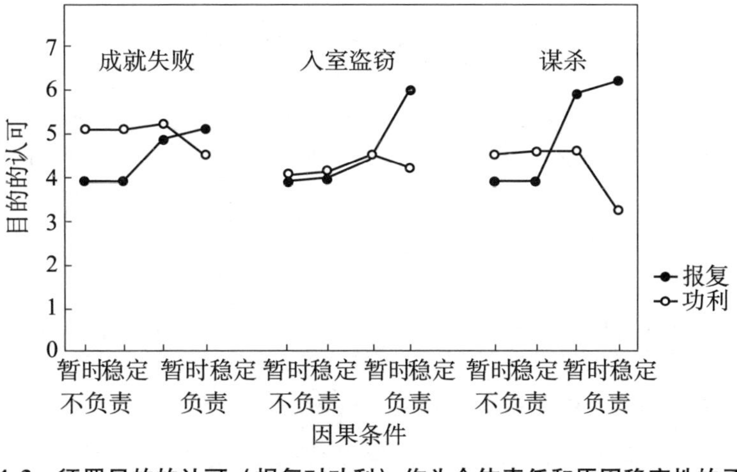

图 4.3　惩罚目的的认可（报复对功利）作为个体责任和原因稳定性的函数（成就失败、入室盗窃及谋杀）

资料来源：Weiner, Graham, & Reyna, 1997, p. 441.

犯罪语境中的惩罚过程 在这项研究中（Graham et al.，1997），我们操纵了谋杀原因的可控性和稳定性。实验场景描述了一个加害者的谋杀行为，他有：(a) 长期的故意杀人犯罪记录（可控和稳定的因果条件）；(b) 之前没有记录，但此次为故意杀人（可控、不稳定）；(c) 患有经常
143 导致暴力行为的遗传性惊恐障碍（不可控、稳定）；(d) 患有惊恐障碍，但只在特殊情况下才会引发杀人暴力（不可控、不稳定）。被试要回答与犯罪惩罚相关的几个问题。他们的反应关涉犯罪原因的可控性和稳定性、责任判断、愤怒和同情、对未来犯罪活动的预期以及惩罚的目的（报复或功利）。此外，一些哲学家提出，个体对惩罚的目的有类似特质的信念。有些人被标定为报复主义者，而其他人则是功利主义者。在被试阅读实验材料之前，我们评估了他们的这一总体趋势。研究被试被问及他们是否同意下述两个问题：“惩罚目的应该是让犯罪者为其不法行为付出代价”（报复）和“惩罚只在有助于社会更大利益的情况下才是合理的”（功利）。

表 4.4 呈现了四种实验条件下最重要的关联反应。该表显示，犯罪的
144 可控原因，较之不可控原因，会导致更高的责任和愤怒，以及更低的同情。此外，因果关系稳定的情况下，对未来犯罪的预期会得到加强。这些发现证实了预测。

表 4.4　　归因变量的均值作为原因条件的函数

变量	原因条件			
	可控		不可控	
	稳定	不稳定	稳定	不稳定
责任	6.1	6.2	4.8	5.5
愤怒	5.5	5.6	4.3	3.9
同情	2.3	2.9	3.8	3.8
预期	5.1	3.6	5.4	4.3

资料来源：Graham，Weiner，& Zucker，1997，p. 341.

图 4.4 刻画了这些变量与惩罚目的权衡之间的关系。先看报复。该图揭示出报复性特质/信念（报复 1）能预测当前的报复性欲望（报复 2，$\beta=.16$）；责任（$\beta=.17$）和愤怒（$\beta=.15$）与报复性目的呈正相关，但同情（$\beta=-.22$）与报复性目的呈负相关。图 4.4 底部所示的功利性目的，

与责任感知和情感无关，但与功利性特质/信念（β =. 25）以及对未来越轨行为的预期（β =. 19）相关。

综上，惩罚的报复性和功利性功能是由不同的原因属性所驱动的。报复性目的根植于道德判断及其所引发的情感，而功利性目的更脱离道德考量，关注未来而非过去。这些发现契合惩罚目的的哲学玄思。

显然，到目前为止关于惩罚目的的研究只是实验室“模拟”。在对助人和攻击的元分析中，我注意到归因理论家一直饱受批评，因为他们的研究通常是假设性的，涉及角色扮演。因此，这项元分析将研究场景（假设的与真实的）作为调节变量包括在内。回想一下，其结果表明归因动机论在模拟情境和真实情境中同样有效。为了再次直面“现实性”难题，我们（Graham et al，1997）还研究了一个现实生活中的真实事件，即饱受公众 *145*
关注的 O. J. 辛普森被控谋杀案，以确定关于惩罚目的的观点是否也适用于现实生活。

我不会详述此案，仅告知读者，著名橄榄球运动员、电影明星 O. J. 辛普森被指控出于明显的嫉妒杀害了他的妻子和另一名男子。案发后不久，我们让被试报告他们认为的谋杀原因，并对可控性、责任、愤怒、同情、稳定性以及对其未来犯罪的预期做出判断。我们还描述了惩罚目的，包括报复和三个功利性目的：罪犯矫正、保护受害者和更普遍的威慑。被试被问及他们将在多大程度上惩罚辛普森，以及建议这一刑期的理由。

表 4. 5 揭示了报复性目的和功利性目的的决定因素。在该表中，根据四个惩罚目的对归因变量进行回归分析，以确定它们的相对影响（β 值表示关系强度或保持所有其他变量不变后的方差）。如表 4. 5 所示，报复的 *147*
欲望主要决定于愤怒和同情，其次是对责任的感知。这与图 4. 4 中模拟研究的发现一致。功利性目的的相关发现更加复杂，且不同功利性目的之间也存在差异。只有一个功利性目的与情感反应（带有同情的矫正）相关联，责任只与威慑目的有关［但费瑟等（Feather，Boeckmann，& McKee，2001）发现同情会对刑期判决产生影响］。但与未来预期相关的原因稳定性能预测两个功利性目的（矫正和保护）。总之，现实事件的数据模式与模拟研究的数据模式非常相似（但不是完全一致）。报复是对道德不公正

（感知到的责任及其引发的情感）的反应；而基于原因稳定性感知的功利性目的，则专注于未来。

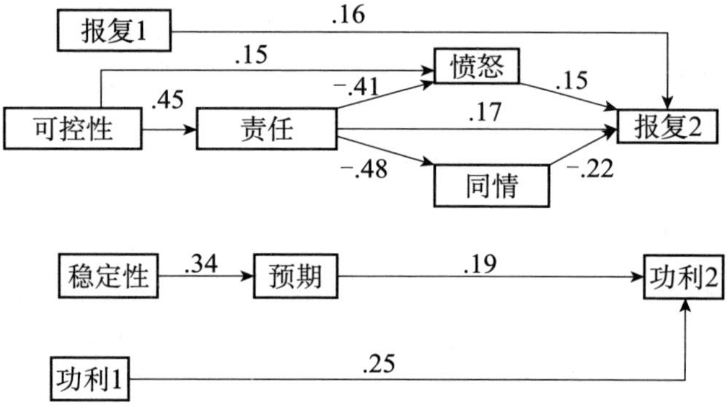

图 4.4　原因可控性、稳定性及惩罚特质（报复 1 与功利 1）与认知和情感中介变量及特定惩罚目的（报复 2 与功利 2）有关的最佳拟合模型

资料来源：Graham，Weiner，& Zucker，1997，p. 343.

146 **表 4.5　由归因变量预测惩罚目的的多元回归**

	惩罚目的							
	报复		矫正		保护		威慑	
预测值	β	*t*	β	*t*	β	*t*	β	*t*
可控性	−.05	<1	−.05	<1	−.03	<1	.15	1.90
责任	.17	2.07*	.00	<1	.04	<1	.19	2.15*
愤怒	.30	4.04***	.11	1.54	−.03	<1	−.04	<1
同情	−.30	−3.68***	.39	5.18***	−.07	<1	−.13	−1.54
稳定性	−.01	<1	−.34	−4.85***	.19	2.33***	.04	<1
预期	−.10	−1.33	−.06	<1	.27	3.36***	.08	1.04

资料来源：Graham，Weiner，& Zucker，1997，p. 337.

成就语境中的惩罚过程　我现在从犯罪语境转向成就语境。成就语境中的研究范式，与犯罪语境中的相同，同时使用实验模拟和现场研究（Reyna & Weiner，2001）。在模拟研究中，像以前的实验一样操纵原因可控性和稳定性。具体而言，失败被描述为四种实验条件：永久的（学生懒惰）或暂时的努力缺乏，永久的（智力低下）或暂时的能力缺乏。为了评估对报复性目的和功利性目的的认可程度，还测量了可控性、责任、愤怒和同情。因此，归因动机序列中的所有变量均被纳入本研究设计中。

表4.6展示了对惩罚目的认可程度作为原因可控性和稳定性的函数。如果因果性可控而非不可控，报复而非功利往往被选为惩罚目的；如果原因可控且稳定（懒惰），那么对报复性目的的认可就超过了功利性目的；而当原因不可控时，惩罚目的更偏好功利而非报复。

图4.5刻画了因果信念和情感与报复性目的相关的路径图。该图揭示出，可控因果性引发责任判断，责任进一步增强愤怒，从而增加报复欲，减少有益于削弱报复性目的的同情。总之，报复模型完美地支持了理论分析。而此处未显示的功利性目的，只与原因稳定性有关。

表4.6　可控性和稳定性的归因维度下报复性和功利性目的的认可的均值 *148*

	报复		功利	
	稳定	不稳定	稳定	不稳定
可控	5.48	4.68	4.63	5.56
不可控	3.77	3.90	5.31	5.16

资料来源：Reyna & Weiner，2001，p. 311.

而在一项关于成就情境的现场研究中，我们检验了教师对课堂情境中惩罚的判断。在公立教育系统中，教师只要遵守学区和法律规定的行为准则，就有相当大的自由来管控课堂。教师因此可用多种可能的干预措施，来激励和/或斥责违反课堂规则的学生。

为了确定教师在课堂上使用的干预决策，我们对教师进行了焦点小组访谈，发现了18种常见的纪律处分。处分的严重程度不同，包括把学生送到校长办公室、取消特权、忽视学生、给他们额外的作业甚至表扬。教师们还要评定这些干预措施是服务于报复性目的还是功利性目的。对这18种处罚措施的认可度及其在惩罚目的上的评分显示，它们可以被分为不同的类别。其中两类可称为**惩罚性干预**和**报复**。惩罚性干预措施包括在其他同学面前责骂学生和留校察看。另外两类可称为**积极强化**和**恩惠**，如表扬和奖赏学生、评分上偏袒学生、给学生机会弥补差成绩。教师们评定这些策略更具功利性而非报复性。

然后，向另一组教师呈现如框4.2所示的成就情境。这些教师要评定自己使用18种纪律处分的可能性，这些处分已被归类为报复或功利；同时也要表明自己的责任信念、愤怒和同情。图4.6描述了这些发现。该图显

示可控性与责任有关，责任会助长愤怒和减少同情。只有（缺乏）同情能
150 够预示报复性欲望。因此，与责任感知相伴随的，有时是愤怒，有时是同情，有时这两种情感同时与报复直接相关。为何不一致，其理由未知，但预示了这一过程的复杂性。此外，图中未展示的功利性欲望，主要与原因稳定性有关。

149

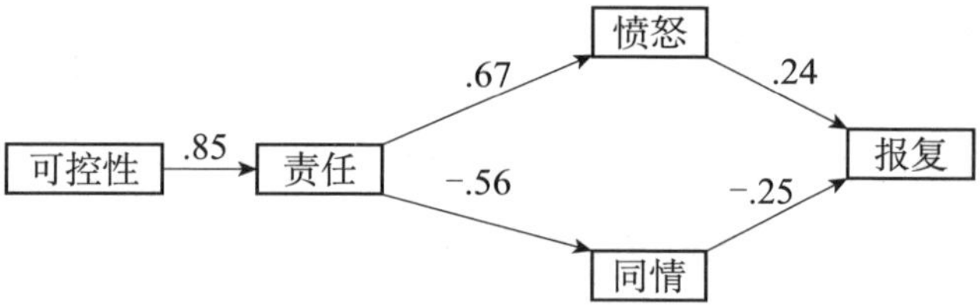

图 4.5　归因、责任推断、情感和报复性目的的中介模型一

资料来源：Reyna & Weiner，2001，p. 313.

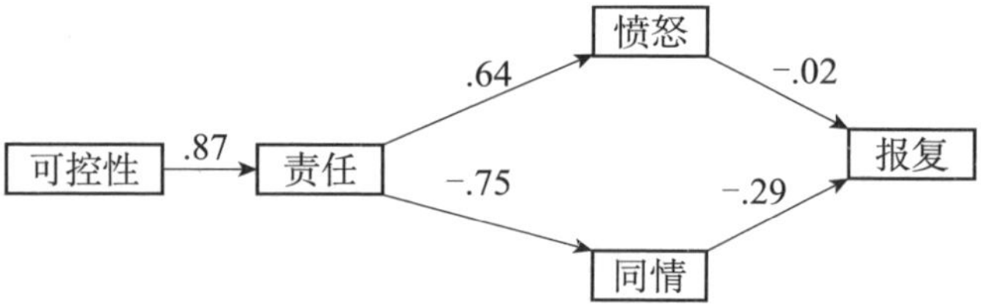

图 4.6　归因、责任推断、情感和报复性目的的中介模型二

资料来源：Reyna & Weiner，2001，p. 314.

因此，尽管同样的行为同时具备报复性和功利性的功能，但教师的纪律处罚，正如归因理论所预测的，以分化的方式掌控这些目的。即使是通常考虑未来和行为变化的课堂教师，也会使用报复性惩罚，并基于对课堂不端行为的因果信念选择惩罚策略。

小结

已经证明惩罚不仅仅在于改变行为有机体的反应。操作行为主义视角忽略了许多惩罚理由，如报复（可能包括或不包括复仇和赎罪）、矫正以及改变非当事人或第三方犯罪的可能性。

这些社会导向的惩罚目的与因果信念密切相关。可控的因果性具有报

复性而非功利性功能，而因果稳定性则重在功利性而非报复性。这些规则超越了犯罪语境，也适用于课堂和成就环境。因此，源自法律、神学和哲学的这些原则，在动机行为研究中的重要性被再次彰显。

基于归因理论已经探究了两个惩罚领域，即奖赏和惩罚的反向动机效应以及分化的惩罚目的。我现在要转向归因研究的第三战场，即与惩罚威胁下的依从相对，奖赏预期下的依从如何影响责任判断及其后果。

奖赏预期和惩罚威胁下的责任判断及其后果

归因理论的早期研究假设，当观察到的行为与环境中的社会规范不一致时，关于他人的特质推断最为确定。例如，个体可能认为敌对的（不符合规范的）求职者具有攻击倾向，但无法确定规矩的求职者是否普遍“顺 151
从”（Jones，Davis，& Gergen，1961）。而在图书馆里夸夸其谈的家伙，比之在聚会中表现出同样行为的人，应该更为外向。

在监管和潜在惩罚的背景下，归因理论家研究了特质归因的决定因素。例如，斯特里克兰（Strickland，1958）指派一名被试作为老师主管另外两个（虚构的）学生完成一项枯燥任务。老师有权对其中一名学生进行更多监管。被试（老师）得到的反馈是，这两名学生表现均令人满意，而且从未受到处罚。但与无人监管的学生相比，被试更多地将受监管学生的表现归因于外部惩罚威胁，更少地表达对他的信任，并在以后的任务中对其进行更多监管。总之，凌驾于他人之上的权力，即使没有被使用，也会使权力者将成功的结果归因于权力源。

有许多类型的权力可用来诱导依从，包括奖赏和惩罚（见第一章的讨论）。此处我将集中讨论。罗德里格斯（Rodrigues，1995；Rodrigues & Lloyd，1998）的研究表明，潜在奖赏或威胁性惩罚所诱导的依从，后果将有所不同。这两项研究所发现的不对称性在于，因为奖赏承诺而越轨依从，较之惩罚威胁下的依从，其行为更多被归于个人，也被认为对越轨行为负有更大的责任（见 Reeder & Spores，1983；Wells，1980）。具体而言，如第一章所述，如果护士执行医生的要求分发未经官方批准的药物，那么，当依从源于晋升的承诺时，护士对这种违法行为负有更大的责任，而当依从源于开除的威胁时责任则不同。因越轨行为而受奖赏，标志着当事人是罪人，应把其放在图 1.4 的上半部分；而为避免惩罚而越轨，则使当事人在概念上位于图 1.4 的下半部分。潜在的惩罚减轻了责任判断。

在这里，我要深究这些发现所引发的三个问题：

1. 这些效应能跨越不同的越轨和激励情境吗？换言之，这些发现有多普遍多可信？
152 2. 这些效应能归因于依从感知评定差异（亦即特定场景中的行为规范差异）吗？如果更多的越轨依从是为了逃避惩罚而非获得奖赏，那么归因判断差异可能源于行为规范差异，而不是激励效价本身。换言之，如果许多人的越轨依从是为了逃避惩罚，那么其行动原因就是消极激励而非自身。相反，如果有人为了奖赏而越轨依从，那么越轨原因就在于个人本身而非激励。控制行为规范，在某种意义上，就是使激励的主观强度恒定。
3. 有什么理论可解释这些现象？它们与归因动机论如何关联？

更多经验证据和社会规范的作用

我们（Greitemeyer & Weiner，2003）的系列研究设计了如下的实验任务场景：

> 一名教员在上大课。他走近助教，说学生课程评估不佳，询问助教是否能在数据包中添加大约 20 个假评分［伪造的班级评价］，尽管这行为非法。教员所言如后文所示。助教依从，添加了 20 个假评分。(p. 1373)

给助教的激励措施见框 4.3，读者也可填写。例如：“我会确保你明年拿到奖学金［在惩罚情况下则拿不到］。”读者和被试一样，均要报告助教在多大程度上要为这越轨依从负责，以及有多少百分比的助教会如此依从。

本研究中三个不同实验的数据见表 4.7，涉及配对激励、对越轨依从的个人责任评定（R）和感知到的依从率（C，即助教依从百分比）。首先，感知到的依从率与刺激效价（奖赏或正价对惩罚或负价）无关。因此，作为刺激效价函数的责任感知，其差异不能归因于行为规范感知 153
差异。

框 4.3　越轨依从的责任

一名教员在上大课。他走近助教，说学生课程评估不佳，询问助教是否能在数据包中添加大约 20 个假评分，尽管这行为非法。教员所言如后文所示。助教依从，添加了 20 个假评分。你要回答助教在多大程度上要为这越轨依从负责，以及有多少百分比的助教会如此依从。责任评定由 1（毫无责任）到 9（极大责任）。依从率评分由 0 到 100%。

	责任 1 = 毫无责任 9 = 极大责任	依从率 0 到 100%
我会确保你明年拿到奖学金。		
我会让你明年拿不到奖学金。		
我会为你明年求职写封强有力的推荐信。		
我会为你明年求职写封没有说服力的推荐信。		
我会帮你。		
我不会帮你。		

表 4.7 还揭示奖赏条件下感知到的责任大于惩罚条件下的责任。因此，为了强有力的推荐信的越轨依从（在三个实验中 x = 7.15），就比预防没有说服力的推荐信的依从（x = 6.35），要负更大责任。但是这一发现确实与社会规范感知存在交互作用（见图 4.7）。图 4.7 显示了在九种激励条件下，责任判断是激励效价和感知到的依从率的函数。该图显示，当依从率 155
较低时（例如 32%），激励效价对责任判断的影响相对较小。而当依从率很高时（例如 70%），奖赏和惩罚在责任感知上的差异就会增大。即使因为激励诱人而依从了越轨要求，依从者仍然要承担责任。也就是说，社会规范并不能减弱责任判断。换言之，无论是奖赏还是惩罚，低社会规范都

会导致对越轨依从的高责任判断。当激励效价为负时，高规范会减弱责任判断；而当激励效价为正时，则不会如此。例如，如果每个人都愿意为100万美元犯下轻微的罪行，这不仅表明奖赏是一种非常有价值的激励，也表明依从者是贪婪的（不道德的）。但如果所有人都同意为了避免失去珍贵的东西而犯一个小罪，那么它则表明损失巨大且不应怪罪依从者。我们已经通过各种越轨情境和激励措施发现了这种结果模式，所以它是“事实”（见 Greitemeyer & Weiner，2003）。我坚信框 4.3 中读者的反应也会支持这一结论。

154 **表 4.7　三个实验中依从评分和责任感知均值作为各类积极和消极激励的函数**

积极和消极激励	实验 1		实验 2		实验 3	
	C	R	C	R	C	R
我会确保你明年拿到奖学金。	74. 1	6. 83	54. 3	7. 24	55. 7	6. 68
我会让你明年拿不到奖学金。	66. 2	5. 91	51. 0	6. 35	57. 6	4. 45
我会给你的期末论文打高分。	66. 8	7. 28	50. 4	7. 32	57. 6	7. 32
我会给你的期末论文打低分。	70. 1	5. 60	50. 1	6. 41	62. 2	4. 77
我保证你明年能得到申请的那份工作。	69. 2	6. 93	51. 9	7. 49	58. 0	7. 15
我保证你明年得不到申请的那份工作。	66. 8	5. 48	52. 9	6. 81	59. 3	4. 87
我会为你明年求职写一封强有力的推荐信。	62. 9	7. 13	45. 6	7. 35	45. 7	6. 96
我会为你明年求职写一封没有说服力的推荐信。	49. 5	6. 37	45. 1	6. 81	40. 0	5. 87
我保证你能得到额外的助教费。	46. 4	7. 50	39. 7	7. 81	37. 0	7. 26
我保证你的助教费会变少。	55. 8	6. 21	37. 4	7. 16	46. 9	5. 89
我保证你明年的助教工作会很轻松。	45. 1	7. 11	36. 2	7. 92	35. 6	7. 15
我保证你明年的助教工作会很难。	34. 1	5. 95	40. 7	7. 30	30. 4	5. 60
我不会在期末考试期间让你帮助处理阅卷等工作。	33. 3	7. 26	30. 5	8. 16	34. 6	7. 04
我会在期末考试期间让你帮助处理大量的阅卷等工作。	38. 9	6. 49	36. 4	7. 54	31. 8	6. 04
我会帮你。	42. 0	7. 27	40. 5	8. 22	33. 0	7. 38
我不会帮你。	22. 6	7. 10	40. 8	8. 22	20. 2	7. 09

续前表

积极和消极激励	实验 1		实验 2		实验 3	
	C	R	C	R	C	R
我会非常感激你。	30. 5	6. 95	27. 1	8. 05	28. 5	7. 00
我会非常生气。	33. 6	6. 67	28. 4	8. 05	29. 6	6. 00

注：积极激励措辞为“如果你照做……”；消极激励措辞为“如果你不照做……”。C = 依从（compliance）；R = 责任（responsibility）。

资料来源：Greitemeyer & Weiner，2003，p. 1374.

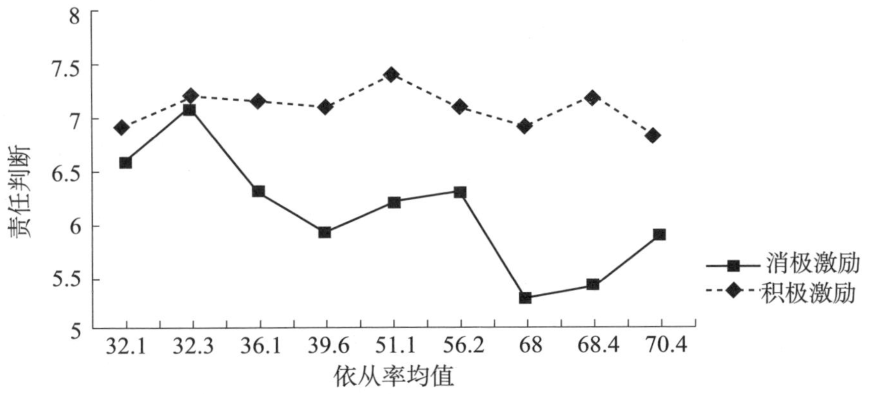

图 4.7　对越轨依从的责任判断作为越轨依从率均值和激励效价的函数

资料来源：Greitemeyer & Weiner，2003，p. 1374.

理论解释 *156*

这些发现和数据模式均未直接验证可能的备选理论。这些备选理论有法律理论、勒温理论和期望理论。我们来依次检验它们。

法律理论　在法律上，胁迫的存在可以减轻责任（LaFave & Scott，1986，chap. 5）。如果某人因暴力威胁或害怕严重伤害而被他人非法强迫实施（或没有实施）某些行为，那么当事人不对随后的不端行为负责。例如，如果银行劫匪用枪指着银行中的一名客户，强迫他协助收款，那么他就不用对这行为负责。在法律上，只有在可能发生人身暴力的情况下（通常是极端暴力），才能得出胁迫推断。因此，如果劫匪说，“帮我拿钱，否则我就会打你的胳膊”，那么这就不被认为是胁迫。如果有人因此提供帮助，那么他要负全部责任。在我们的依从任务中，教授的威胁不包括身体暴力。但对外行人来说，许多刁难的威胁也被认为是胁迫，并降低了责任感知（关于其他法律人与外行人之间的差异见 Robinson & Darley，1995）。与此同时，奖赏不具有胁迫减轻的地位；如果犯罪源于积极激励，那么责任不会减轻。

这种解释似乎相当合理且“正确”，但它也有循环论证的特点，尽管是用通用语言陈述实际的发生。也就是说，就胁迫（消极激励）而言，只在某些条件下，责任才会减轻，但奖赏情境并非如此。因此，可质疑其“解释”的价值。另外两种根植于心理学的理论则没有这个毛病。

勒温理论 本书频繁提及勒温（Lewin，1935），不仅是因为他构造了现已不复存在的“宏大理论”，也因为他是最早的期望价值理论家之一。他的思想对归因论“奠基者”弗里茨·海德产生了巨大影响（见 Weiner，1990）。

在勒温理论中，需求、欲望或匮乏会创造满足需求状态的积极激励（效价）。例如，当且仅当一个人饥饿时，食物才会是积极激励；而特殊加薪也只是对金钱渴望者的激励。积极激励和个人推断在勒温理论中相互联系，因为没有个人的相应需求，刺激在心理上则不存在。

157 但是勒温理论不能妥当地分析消极效价。厌恶性刺激与个人需求的相关程度低，对个人需求的依赖程度也低。但个体即使没有被电击，也会产生避免电击的愿望。因此，从这个理论角度可以预见，因奖赏而非害怕预期的惩罚而依从的情况，将导致更多的个人推断。

期望理论 卡尼曼和特沃斯基（Kahneman & Tversky，1979；见 Tversky & Kahneman，1992）的期望理论，是一种选择行为论，但仍可用于当前语境。期望理论指出，对收益和损失有不同的评估，损失权重高于收益。卡尼曼和特沃斯基（1979）指出：“一个人在失去金钱时的痛苦，高于获得同样数额的快乐。”（p. 279）在选择中，如果损失权重大于收益，那么它也应体现在激励效价的重要性上，尤其在决定和减弱责任判断方面。就诱导行为而言，相对于积极激励，消极激励的重要性更高。这意味着人在面临消极激励而不是积极激励时更少进行因果推断。

尽管期望理论把握了有关责任判断的发现，但是它所预期的积极激励与消极激励之间的依从性差异，在我们所考察的研究中并不存在。因此，期望理论尽管有启发，但对当前研究结果的适用性尚不明晰。

综上所述，关于奖赏和惩罚对归因判断的不对称影响的研究结果相当一致。鉴于桑代克和斯金纳对行为及其变化的关注，这一发现超出了他们的研究范围。然而，对这一现象的理论解释仍不确定。可以肯定的是，无论奖赏多么诱人，由其引发的越轨依从都被认为是不道德的，而出于逃避惩罚的越轨依从，相对来说，可以将个体从“罪人”的标签中解放出来。

❈ 小结

奖赏/惩罚仍然是心理学研究的核心主题。这些行为后果，被认为巩固或削弱了过去发生的行为模式，并将推动有机体的未来行为，因为它们与作为生物特征的享乐追求相关联。在本章，我展示了归因和责任判断如何挑战了之前的奖惩原则，并开辟了新的研究方向。 *158*

1. 已经确证对行为的奖赏可能会降低动机，而惩罚则会提升动机。这些观点与简单的行为主义相对立，是因为奖赏和惩罚提供了与当事人的能力和努力有关的信息。对成功的奖赏可能表明结果是由于高努力，这意味着被奖赏的个体能力相对较低。这种自我认知会对未来的动机产生负面影响。相反，对失败的惩罚意味着消极结果源于努力不足，并且个体有很高的能力。高能力作为一种个人构念对动机有积极的促进作用。这些理论推导得到了实证研究的支持。这些实证研究基于奖赏和惩罚、表扬和批评以及帮助和忽视，对归因进行了评估。
2. 行为主义认为，惩罚不仅仅是为了改变行为者的行为，惩罚还有报复性和/或功利性目的。消极结果的原因是个体可控时，就会引发报复性目的。因此，个人被认为应对结果负责，并且是愤怒而不是同情的对象。但功利性目的，则受制于影响未来预期的原因稳定性。这些理论分析，无论在犯罪和成就语境中，还是在模拟研究和“真实”场景的研究中，都得到了实证支持。

3. 当越轨依从伴随奖赏预期和惩罚威胁时，对依从原因的推断会产生分化。在承诺奖赏的条件下，不道德行为者应该担责任，无论他人是否参与。也就是说，高社会规范不会减弱责任判断。但如果是为了逃避惩罚而产生越轨依从，当事人则可免除责任，特别是当他人也如此行事时。也就是说，行为源于避免惩罚的条件下，高依从规范减轻了责任判断。法律理论、勒温理论和期望理论也许可以解释这些发现，但仍有待确证。

我已经证明归因动机论可以独有的路径扩展至奖赏/惩罚领域，而其
159 他概念系统则力所不逮。这些经验和理论的拓展十分重要，因为惩罚是社
会动机和社会正义的核心。归因动机论对惩罚相关主题的适用性，再次印
证了其研究路径的潜在丰富性和关系孕育性。

第五章 160
深化法庭隐喻：归因动机论有用吗?

“没有什么比一个好理论更为实用”，我认为勒温应对这一谣言的传播担责。依我所见，没有什么比简单而非理论性的规则更为实用！奖赏增加而惩罚减少先前反应可能性的原则家喻户晓，那些从未听说过“斯金纳”大名或对“理论”的含义茫然无知的人，正据此改变行为。正如第三章所述，奖励是能力低下的线索，而惩罚则是努力不足的线索。但这一原则并非颠扑不破。而在数千种药物试验中，该原则已能足够准确地评估各种物质的激励价值。

在动机心理学或社会心理学中，找寻理论的任何实用价值是件难事。归因动机论的概念系统，确实增进了知识和理解；如果掌控自身和他人行为是人类的目标之一，那它确实有用。但如果一个严重抑郁症患者正在寻求解救，那么药物肯定会比人类动机论更有帮助。若要老鼠拐弯，无须对激励进行概念分析，放置食物将卓有成效。当社会心理学家被问及其理论观点的实用价值时，他们通常会搜寻米尔格拉姆的服从（obedience）研究、津巴多的模拟监狱研究或贾尼斯的“群体盲思”（group-think）研究，甚至更早的勒温的群体动力学研究（见 Zimbardo，2004）。然而，就连这些典范研究也很少被用于改变人类行为（假定它们能成功应用）；而这些 161
研究都源自社会心理学而不是动机研究。也许勒温应该将其格言修正为“好理论空无实用性”或“实用性无需任何理论”，并志得意满于他的“生活空间”（life space）概念，而将其应用价值留给他人探索。

然而遗憾在于很难阻止理论家的应用抱负。我也难免。我在本章就要验证归因动机论的应用价值。由于归因动机论经常抓握素朴信念，挑战在于它的许多实践建议已被应用，如一个好借口可以帮助逃脱对越轨依从的谴责（见第四章）。理论上，这是将归因从可控变为不可控，减少了愤怒，并增加了亲社会反应。我从未听过学生说："您会考虑给我的期末成绩加分吗？因为我懒得学习，所以做得很差。"但我却常听到"祖母去世了"或"我得了流感"这些众所周知的借口。这些学生从未接受过归因论的（正式）训练，却给出了"正确的"借口；也就是说，他们在日常互动中使用归因原则。那归因动机论还"有用吗"或者"可用吗"？换言之，如果不用了解其正式概念就可游刃有余地应用这些原则，那它还能和日常关切有关吗？

本章将专注于这些应用难题。我的焦点不在于素朴的归因分析，尽管它们也没有被完全忽略。相反，我将极尽逻辑演绎以备未来之需。由此，我将深入探究六个主题：课堂、精神疾病、包括肺癌在内的其他污名、婚姻满意度、消费者行为和攻击。在这些情境中，印象管理也被论及。

❈ 课堂作为法庭

与教育和课堂行为有关的各种隐喻可以得到识别，如教育机构被描述为"学习殿堂"，抑或学界"圣殿"。这些是以宗教或神圣场所来隐喻学校和课堂。相反，学校也可被视为商业环境，穹顶之下有一个"思想市场"，此处滋养思想的"自由交换"和"相互激发"。推测这些精神性和物质性
162 隐喻联结于（导致?）不同类型的教学活动、课堂行为和学校规范，并非无稽之谈。事实上，甚至与这些对立隐喻相关的学校建筑，也可能截然不同（哥特式建筑对涂鸦墙）。

"课堂是法庭"（本书主题"人生是法庭"的变体）是对学校机构和课堂场景的另一个切题隐喻。总结前文已述的研究可发现，它们均与本隐喻一致：

1. 同刑事判决一样，考试反馈的决定因素至少有二：客观的考试结果（失败情境下，犯罪的严重性或犯罪行为）；失败的学生应负责或受

谴责的程度（努力投入或犯罪意图；见第一章）。在较原始的环境和道德发展水平较低的情况下，刑事处罚可能仅基于犯罪的严重性（严格责任）。同样，在许多学校情境中，成绩是唯一的评价依据。

2. 可公平或公正地将责任信念和“罪疚心态”的推断作为成就评价的决定因素（见第一章）。这可能不像犯罪语境中那样理所当然，但尽管如此，本规则仍与公认的行为准则相一致。能力不同的人遵循不同的责任标准。
3. 报复性目的抑或功利性目的是惩罚失败学生和刑事罪犯的基础。在教育和犯罪情境中，越轨行为（考试失败或犯罪）的责任，都会影响其追求的目的：责任推断会引起报复性目的，无责任推断会促进功利性目的。尽管教师专注于未来和行为改变，但他们仍然利用报复性惩罚（见第四章）。
4. 在成就和犯罪语境中，印象管理技术存在相似之处。在这两种情境下，被告都试图减弱可控性归因和对个人责任的推断（见第三章）。成就研究文献主张学生希望传达出自己能力高的信息（见 Covington，1992）。但是以法庭隐喻课堂，有助于理解为什么情况并不总是如此——传达低能力/高努力是有效的，因为它们可以减少因失败而受到的惩罚。因此，学生和罪犯的印象管理策略，包括传达能力不足，以此降低责任归因和反社会反应。

总之，有大量证据表明课堂遵循法庭上同样的规则和信念。 *163*

实践上的考量

与大多数相对良性的隐喻不同，课堂作为法庭的隐喻显得恶性十足。原因之一是，隐喻不仅辅助理解，还指导人们的行为。将课堂视为法庭的学生，往往会受避免惩罚的动机驱使。因此，对他们而言可行的课堂策略包括欺骗和找借口（希望自己不会“被捉住”），教师也不被看成盟友或帮手，而是落实“罪有应得”的法官或监狱看守。因此，就像法庭一样，学校也是唯恐避之不及的地方——一个区分内群-外群（原告和被告、教师和学生）的令人厌恶的环境。

这种描述与以课堂为“学习圣殿”或“思想市场”的隐喻所引导的学生形成鲜明对比。后者助长理解和掌握的目标，而非欺骗和逃避惩罚。殿堂和市场，与尊重和兴奋相关联，是人们追求而非逃避的地方。

滋生法庭隐喻的环境，也会使教师失望，因为他们不太可能希望被视作“刑事法官”，而非学习的促进者。此外，那些被判刑的人试图施加自己的报复性正义，向法官“复仇”。这一情况在学校中越发明显，针对教师的暴力行为急剧增加。

那么，教师和教育管理者可通过什么来对抗这种隐喻呢？不幸的是，提问容易回答难。一种可能是取消评分系统和其他形式的评估（教师施加的最常见判决之一），但这代价高昂，尝试过的大学无一成功。20 世纪 40 年代，芝加哥大学时任校长赫钦斯尝试了这一策略变体：课程考试既不由课堂教师主导，也不由课堂教师评分，而是托付给外部考试委员会。这促进了一种与评价联系更少的师生关系，由此对教师作为法官的认知也得到了削弱。

教室的座位安排（例如，环状而非层级式）、教师的可及性和风格（民主的而不是专制的）以及提供给学生的反馈类型（信息性的而非评价
164 性的），这些都是策略性的干预措施，可削弱课堂作为法庭的隐喻。毋庸置疑，本书作者难以将对教师的认知从法官转变为帮助者、促进者和提升者，而这问题也肯定超出了本书和我的专业范围。但是在考虑增强学生动机的课堂干预时，法庭隐喻很有用。

一个教师培训课程

本书提出的一些附加原则可以帮助教师完成艰巨的任务，其中包括：

1. 尽管并非本意，但教师在与学生交流时所传递的低能力线索，影响恶劣。好心办坏事的做法，包括：简单任务成功时的表扬/奖励，简单任务失败时缺乏惩罚、没有愤怒但还有同情；在无须帮助时伸出援手（见第四章）。这些结论源于理论中的双向联系（例如，就像能力低下会引起同情一样，同情的流露暗示学生“无能”）。课堂内外的教师，都必须觉知低能力传达的存在和危险。例如，我最

近在棒球场上听到一位教练说，“选了吉米的球队首先开球”；然后是，“吉米，你在右边的场地；约翰尼，你在二垒，尽力帮助吉米”。这位教练无意要伤害吉米的自尊心，但毫无疑问，这些信息必将如此。将增强的觉知转化为实践的潜力，是归因论价值的核心。

2. 第四章已详细证明，通过惩罚改变行为会导致行为变化被归因于厌恶激励，而奖励下的行为改善则会导致行为变化被归因于个体。由此可见，奖赏比之惩罚是更有效的驱动器，因为它促进积极归因；而这将依次减少对“犯罪分子”的监视，并为其自我塑造提供更多机会。

当关注个体内行为而非人际行为时，归因论在课堂上的应用更为突出。改变对成败的个人归因会显著影响后续表现。例如，将对失败的归因从天资低下变为努力不足，可以提高成功预期，减少羞耻感，增加内疚感 165
并促进动机。而人际关系的归因路径，需要从观察者视角开启其影响，因此其应用就大打折扣。如前所述，人际关系归因论当然也适用于缓解课堂问题。

❖ 生活法庭上的精神病患者和其他受污者

在法庭上，精神病罪犯不会像正常人那样受到严厉对待。精神疾病减轻了责任，患者对不当行为无须承担全部责任，因为越轨者必须能够区分对错善恶。此外，犯罪者必须被视为能用意志控制自身行为。精神病患者犯罪是因为大脑中的声音“命令”，这表明个体不对自己的过失负完全责任。因此，与没有减轻责任的情况相比，减轻责任的判决的报复性和严厉程度较低。

但是，与法律法庭相比，精神病患者在生活法庭上尤其是在家庭中的境况如何？普通人是否像法官那样对精神病患者的困境做出反应？精神病患者是否会被评判为“病态”而被原谅，或被视为“罪人”而遭到严厉处理？

在美国历史上，精神疾病曾被视作恶魔附体这一道德问题——罪恶的一种产物，因为患者故意与魔鬼嬉戏。在一项相对较近的研究中，内夫和侯赛因（Neff & Husaini，1985）仍然部分地支持这类观点。在他们对约700名农村受访者的调查中，超过40%的受访者认为精神病患者道德低下，应对其行为负责。

但随着时间的流逝，对疾病和污名的原因认知会发生巨大变化。例如，越来越多地，同性恋的原因被认为是生物遗传而不是道德低下；而艾滋病的根源也不再被大众认为是上帝的复仇欲望。同样，对精神病因的认知正在发生变化，并且目前人们的信念差异很大。这些差异及其后果，体现在对情感表达（EE）的研究中。

情感表达

在当前神经心理学和精神疾病医学模型发展的大环境下，对于精神分
166 裂症和抑郁症（尤其是双相抑郁症）等主要精神障碍，遗传学（生物学）解释占主导地位，且药物治疗取代了广泛的心理治疗。相应地，对严重精神疾病的心理社会影响的关注下降了。情感表达，即所谓的EE，吸引了更多的心理社会关切，而其构念也展现了持久效力和生命力，以唤醒对精神疾病道德方面的关注（但不是魔鬼崇拜）。

EE反映了家庭成员对患有疾病或残疾的亲人的批评和敌对态度。EE不仅是一般的情感表现力，它是指单个家庭成员以负面方式谈论另一个家庭成员的程度。EE在心理社会性精神健康文献中占据了中心位置，因为“EE现在已成为该疾病（精神分裂症）以及其他精神疾病临床预后不良的有效证据”（Barrowclough & Hooley，2003，p. 849）。一项涵括26项研究的元分析（Butzlaff & Hooley，1998）支持这一结论：“出院9～12个月后的精神分裂症患者，如果生活在高EE家庭环境中，那么复发率比基线高一倍多。”（Barrowclough & Hooley，2003，p. 849）

本书一直认为愤怒通常会带来言语和行为攻击，而愤怒是对负面行为的可控归因和责任推断的产物。因此，可从归因角度对EE进行概念分析：

精神分裂行为—被感知为个人可控—精神病患者须对这些行为负

责—对患者的愤怒和敌意反应（EE）—临床结果差（复发）。

是否有经验证据支持归因路径也适合 EE 研究，以将自由意志和责任概念导入分析中？研究如何进行，有什么发现？有研究对精神病患者的主要看护人进行半结构式录音访谈；然后根据敌对和批评的指标对录音访谈进行评定，并区分受访者 EE 的高低类别（以及过度关怀类别，此处未讨论）。此外，还对录音中的个人可控性进行评定（一些研究采用了归因评定量表）。霍利（Hooley，1985，1987）最初采用了这种归因研究路径，研究问题是受访者是否认为患者会自愿改变不良行为（例如，“他患有精神分裂症并不意味着他不能偶尔洗一次澡”）。最后他还收集了精神分裂症患者的复发率数据。

在对相关研究的评论中，巴洛克拉夫和霍利（Barrowclough & Hooley，2003）检索了 13 篇已发表的研究，这些研究样本不同，但都探究对精神病患者负面行为的归因与 EE 之间的关系。他们总结道： *167*

> 对 EE 和归因文献的所有综述都有一个清晰而一致的发现。简言之，由于具有批判性或敌意，高 EE 亲属做出的归因与低 EE 亲属的不同。……在所有研究中，与那些批判性更低的亲属相比，被评为高 EE 的亲属始终如一地认为患者对自身的症状和问题有更高可控性。在中国，高 EE 患者的亲属尤其如此。（Yang et al.，2003）
>
> 亲属的批评次数与其所持的可控性归因偏见的强度之间，也存在正相关。（Barrowclough & Hooley，2003，p. 863）

鉴于研究结果的稳健性和一致性，人们可能会认为有关 EE 和归因的大多数问题可以搁置。情况并非如此。例如，根据此处所支持的理论，与可控性归因相比，EE 应该是一个更好、更直接的复发预测指标。但巴洛克拉夫等（Barrowclough，Tarrier，& Johnston，1994）则对归因过程的首要性提出了相反的观点。因此，即使在理论推导的假设上也存在争议。一些研究者（如 Lopez et al.，1999）还发现可控性归因和批评都是复发的最佳预测因子，从而再次引发思想对行动的直接影响而非（或除了）间接影响的问题。此外，可能还有其他论点，即不可控的归因会导致积极情感，而积极情感将会降低复发率。尽管有一些文献支持此推理（见 Weisman，Lopez，Karno，& Jenkins，1993），但证据很少。总之（和往常一样），需要开展更多研究。但很明显，这项研究已经建立了理论和经验基础。

实践意涵

如果 EE 通过提高复发率而伤害患者，就需要对看护者进行心理教育干预，以改变他们对病症可控性、与疾病相关的负面情感和促进复发的敌对反应的认知。也就是说，应该进行归因训练以改善家庭环境。尽管针对精神分裂症患者的家庭干预很普遍，但对归因及其后果的关注仍处于起步阶段。可喜之处在于，当家庭成员的敌意和批评减少时，高 EE 家庭中患
168 者的复发率会降低（见 Pitschel-Waltz，Leucht，Bauml，Kissling，& Engel，2001）。显然，我们需要在完备理论的指导下进行研究，收集所有支持假设的经验数据。

还有一些理论上的难题。减少可控性归因，被预期能通过减少愤怒来改善家庭的情感氛围。但这是否意味着看护者应该向患者传达他们不对自己的消极行为负责任的信息呢？这将等同于告诉能力低下的学生，他们不必花费精力，且额外的努力也无法弥补能力的不足。为了解决伴随无责表达而出现的双刃剑问题，韦斯曼等（Weisman et al.，1993）指出："与精神失常的亲人相处良好的家庭，可能会在意识到某些奇怪或破坏性的行为是某种真正疾病的不可避免的副作用与感知到一定的可控性之间保持微妙的平衡。"（p. 604）也就是说，心理教育干预必须谨慎实施，要考虑对消极行为的责任消除所产生的积极和消极后果。也许，病发时无责（同情）但消停时有责（出于动机期望），这种强调是有用的区别，它既可以减少责备，又可以施加要求。

神学家莱因霍尔德·尼布尔曾有广为人知的祷告。它在当下语境中具有重要意义，也可与当今的"匿名戒酒互助会"（Alcoholics Anonymous）有关。尼布尔说道：

> 主啊，求您赐给我们恩典，以坦然接受无法改变的事物；
> 赐给我们勇气，以改变应该改变的事物；

> 更赐给我们智慧，去明辨何为无法改变、何为应该改变。

在对精神病患者的感知和反应语境中，祷告词可改为：

> 主啊，求您赐给我们恩典，以坦然接受他人无法改变的事情；
> 赐给我们勇气，要求他人改变可变之事；
> 更赐给我们智慧明辨两者。

鉴于高责任感知/愤怒/有要求与无责任感知/同情/无要求之间的关联，转向考察其他文化中患者家庭如何对待精神分裂症家庭成员，可能会提供一些洞见。对精神病患者的支持确实因国家和族群而异，通常表现为：

> 与工业化程度较高、经济更发达的地区相比，发展中地区或较传
> 统的文化中的高 EE 态度往往不那么普遍……在工业化程度较低或更 169
> 传统的社会中，精神分裂症患者的预后通常比在较发达社会中的患者更好。……在更传统的社会中，更好的临床结果，很可能与疾病归因模式或因果信念的文化差异有关。（Barrowclough & Hooley，2003，p. 886）

总之，精神分裂症患者在生活法庭上面临着不同的判决。有些人认为他们病了，这些法官往往居住在欠发达国家，并以温情而非敌对的态度回应。这是有利于康复的家庭环境。另一些法官认为精神分裂症患者是罪人，他们往往居住在较发达的国家。这些人愤怒地回应并创造了促进复发的家庭环境。总体教育水平的提高，并不一定会增加不可控归因和温情。相反，工业化国家的人们更多地相信独立、自由意志和个人责任，这会加剧愤怒和复发。

对于应用导向的归因论者而言，针对家庭的心理教育干预措施，是要增强对患者的某些行为具有不可控性的觉知。当症状“活跃”（如出现幻觉）时，人们通常认为这些症状是不可控的。但是，更消极的症状（如冷漠和无法自理）往往被认为是可控的，可为意志所改变。这些态度可能是可改变的，患者将在生活法官的眼中变得更易理解。这种认知转变，应对预防复发有积极影响和长期效果。以归因论为指导的适当干预措施的开发

已经在进行，这将是很有前途的理论应用方向。

肺癌与其他污名

对其他精神疾病，特别是抑郁症的研究（见 Butzlaff & Hooley，1998），也发现了 EE 与病程之间的关系。因此，当前学者致力于研究有关这些疾病的因果信念是不是 EE 的前因。对精神分裂症的理论分析，也同样适用于这些精神疾病。并且也没有理由排除其他（非精神）疾病，只将理论普遍性限于精神疾病（见 Thompson，Medvene，& Freedman，1995；Wearden，Tarrier，Barrowclough，Zastowny，& Rahill，2000）。

基于此，就得审视其起止受意志控制的疾病（和污名）。如前所述，
170 人们通常认为肥胖是由于意志力缺乏或道德低下。肥胖者吃得太多和/或锻炼太少。基于这些信念，超重的人将成为愤怒和消极反应的目标对象。这种家庭氛围可能会加剧肥胖者的焦虑感，进而使其进食更多。因此，在这种情况下，心理教育家庭干预也应该有益，但会遗留棘手问题，即区别哪些行为和结果是可变的，哪些是不可控的。这就是“尼布尔冲突”（The Niebuhr Conflict）。

总体而言，越来越多的人相信疾病源于“生活方式”（尽管如前所述，这并非适用于所有情况，如同性恋污名）。生活方式包括饮食、运动、冒险、活动选择等多种可控行为。也就是说，人们越来越多地认为疾病起止可受个人控制。肥胖确实如此，吸毒也只需说“不”。这也许适用于最普遍的两种疾病——癌症和心脏病。我将讨论癌症，但分析也适用于心脏病和其他疾病。

癌症有很多种，其中肺癌最常见。众所周知，吸烟是肺癌的主要诱因。公众对吸烟的负面反应越来越多（见 Kim & Shanahan，2003），肺癌患者及其家人都指责吸烟者带来了这种痛苦的疾病（Cooper，1984）。这种因果指责会导致家庭压力和沟通困难（见 Zhang & Siminoff，2003）。因此，患者与其配偶及其他家庭成员，对于疾病以及相关的生活因素，并不共享恐惧、担忧、想法和感受。这些后果具有特别重要的意义，因为如社会支持文献所述，家庭环境对慢性病的病程影响很大。而其他形式的癌症（例

如胰腺癌和前列腺癌），则不容易被归因为可控的，因此责备和逃避社会支持的反应可能不太明显。当然，此推测需要数据支持。

对肺癌患者的家人可建议哪些干预措施？如前所述，吸烟被认为是自愿选择，因此，这种疾病的发作可能会引起责备和愤怒。在即将讨论的婚姻冲突中，无论有无坦白都被宽恕的家庭干预措施，被证明有助于改善家庭氛围，促进社会支持。但尼布尔冲突将再次显现，尤其是患病后还继续吸烟。归因论没有提供干预方案的具体建议，但它有助于理解归因冲突和 171
特定因果信念的后果。

❖ 法庭上的夫妻/配偶

大多数道德判断可能发生在夫妻/配偶和亲子关系中。就个人福祉而言，人们在此倾注最多，因此维护社会（道德）秩序至关重要。配偶双方都是法官和道德警察。夫妻双方相互指责对方的过错，父母让孩子为所谓的不当行为负责，而孩子却认为父母不公平也不公正。这些可能会带来可怕的后果。

因果信念、责任判断和责备作为婚姻满意度的决定因素，已经受到广泛研究（见 Bradbury，Beach，Fincham，& Nelson，1996；Bradbury & Fincham，1990）。结论复杂，正如 EE 文献所示，许多问题仍未解决。存在困难的原因在于婚姻满意度（与对受污者、助人和攻击的反应一样）有多个先决条件。对归因论者而言，不幸的是生活不止因果信念。例如，婚姻满意度受经济状况、工作压力、对孩子的调适甚至姻亲的影响。责任推断不可能是婚姻成败的主要原因，因此，很难证明责任信念对婚姻不幸的重要性。但这并不意味着它们对关系满意度没有显著影响。实际上，婚姻语境为归因论的应用提供了重要方向。

研究目标和发现

相关经验研究的基本目标相对简单——确认对积极和消极婚姻事件的归因与婚姻满意度之间是否存在关联。已经发现，在痛苦婚姻中，配偶的消极行为（例如，对公婆不友好）更常被归于有意而可控的原因（如“你想阻止他们来访，这样你自己的家人就能常来”）；而在积极的婚姻中，归因则不同（如“我父亲最近的举止确实很奇怪，难怪你被烦扰了”）。

172 婚姻归因的研究策略，往往是向配偶介绍真实或假设的婚姻事件，然后要他们双方各自确定造成这些事件的因果信念。要评估原因属性或维度，包括来源和稳定性以及其他特征（如跨时普遍性），并确定责任推断和责备。在这些研究中，数据的收集横跨多个时间段。

布拉德贝里等（Bradbury et al.，1996）的这项研究的总结论如下：“痛苦的夫妻……比不痛苦的夫妻，更可能将婚姻上的困难归咎于伴侣，并将伴侣的消极行为视为有意的和自私的。这些发现是稳健的。”（p. 569）

尽管这些结果表明了归因风格在婚姻不幸中的重要性，但最近的研究削弱了本结论。这些研究以更精致的方法论来探索许多相关问题：

1. 归因是否反映了持久的、相对特质性的趋势？如果婚姻中的归因不稳定，或因婚姻满意度而改变，那么归因的因果角色就会受到质疑（见 Karney & Bradbury，2000）。
2. 是归因改变婚姻满意度，还是婚姻满意度改变归因？即，归因-婚姻满意度关联的时间顺序是什么？归因对后续满意度的预测，是否多于满意度对未来归因的预测？很显然，这些问题并不独立于前述的稳定性问题。此类追问可促进多情境的检验，从而更好地解决顺序问题。
3. 外部环境和条件（“婚姻满意度的许多其他决定因素”）是否会影响归因-满意度的关联（见 Neff & Karney，2004）？也就是说，归因与满意度的联系是否存在调节变量？

现在就回答这些问题：

1. 没有证据支持归因跨时和跨情境稳定性的假设。也就是说，它们与人格特质不同，后者具有时间和情境普遍性（见 Karney & Bradbury，2000）。但归因变化是婚姻变化的条件。此外，归因往往是针对特定场景的——指责配偶约会迟到的同时，也可能并不指责其

购买了劣质商品。这并不完全令人惊讶，因为在其他研究领域，也存在归因特异性的证据。 173

2. 鉴于归因缺乏时间和情境的一致性，很难支持归因先于婚姻不幸而非相反模式的论断。但是，有暗示性证据表明，与婚姻满意度预测归因变化相比，归因能更好地预测婚姻满意度的变化（见 Karney & Bradbury，2000）。
3. 婚姻压力的总体水平，是改变归因-婚姻满意度关系的因素之一（见 Neff & Karney，2004）。“压力环境常常导致更低的关系评价，这被称为‘压力外溢’。”（Tesser & Beach，1998）这似乎表明：“对妻子来说，压力增加，与责备越轨伴侣的倾向增加有关。……也就是说，压力与妻子的责任归因的性质有关。”（Neff & Karney，2004，p. 145）这为归因不稳定和归因-痛苦关系存在调节变量的观点，提供了证据。

因此，归因对婚姻满意度的影响是复杂的。但是，这并未最小化婚姻中（或任何人际关系中）因果信念的重要性。

理论应用

归因理论是否可以用来缓解婚姻冲突还有待验证。如果是因果推断和他人责任推断决定了关系满意度（这有一定道理），那么改变归因推断，可能成为提高婚姻满意度的干预措施。从概念上讲，这与 EE 和精神分裂症复发的关系相同。已有一些研究支持此类干预的有效性。例如，马戈林和韦斯（Margolin & Weiss，1978）通过提供婚姻咨询，帮助夫妻“放弃责备归因，对关系失败承担更多的个人责任，更加接受伴侣的积极努力”（p. 1485）。培训结束后，婚姻满意度提高了。但迄今为止，干预研究的结果参差不齐，研究本身也很少被实施（见 Bradbury & Fincham，1990）。

鉴于这种不确定性以及阴魂不散的尼布尔冲突（减少对方的责任会减少责备，但也会降低其努力），与归因理论相关的不同干预措施也被建议。 174
有人建议夫妻减少对配偶的要求，接受他们的缺点，而不是试图改变对方（Christensen & Jacobson，2000）。也就是说，责备配偶的一方被要求放弃法官的角色，放弃以“生活就是法庭”的隐喻作为人际交往的指南。这类似于告诉原告（在认知上）转换到另一种文化，采用一种新的、非评判性的方式来分析对方。由此，可控性的信念以及后续的负面情感将相应减少。

这可能吗？有些宗教要求我们不要复仇，而要被打左脸再送右脸。在某些情况下，对某些个体而言，这个目标可以实现。但是，能否证明其是有效的干预技术还有待观察。

这种立场的变体，也侧重于原告而不是违法者，要求受害者原谅或宽恕对方（见 Fincham，2002）。如前所述，坦白（表明他是好人做了坏事）有助于宽恕。此外，无责的信念也会促进宽恕（实际上，如果对方被认为无须负责，则无须宽恕）。而宽恕应该担责的对方，类似于“被打左脸再送右脸”，其行事方式圣洁。这对于生气的配偶来说是否可能、是否会减轻婚姻压力，还有待证明。请注意，这些最新的干预建议，着重于受害者的行为（接受，宽恕），而不是受害者对违法者的认知所致的后果。因此，在这种人际语境中，还是更多地支持个体内模型。

❖ 法庭上的商业

与不正当商业行为相关的诉讼比比皆是。秘密交易以确定价格，故意出售劣质产品，骗取他人金钱，这些只是欺诈和谎言的冰山一角。但是，并非所有欺骗都是犯罪行为。肉贩首先选择最不新鲜的肉卖；车贩想要售出最不受欢迎的车型；导购说西装的颜色很完美，但事实并非如此。

对消费者而言，如果对结果不满意，则可能归因于自身（“我不擅长用电脑”）或归因于产品（“此电脑对用户不友好”）。此外，消费者不满意的原因，可能是服务商或生产商不可控的外部原因（“暴风雪导致航班
175 延误”），也可能是可控的外部原因（“机场职员缺少培训，因此登机时间过长”）。后一种情况不仅会引发愤怒，还会产生各种反公司的反应。消费者可能希望得到金钱补偿，还可能会有与报复性惩罚相关的其他要求。可能发起投诉，并寻求某种形式的赔偿（见 Folkes，1984；Weiner，2000a）。

这种分析导致了许多尚未得到研究和解答的问题：

1. 一些问题（正如某些污名）使自己归结于可控或不可控的因果信念。与任何被视为高度受人为影响的产品（例如汽车）一样，任何服务都会因可控的错误和个人责任而受到非难。人们常因自身认为可控（但不一定故意）的延误，而对汽车机械师、航空公司或其服务员感到愤怒。愤怒可能会引发主动行动——反对而不（仅仅）是远离。
2. 被告公司、雇员或服务必须对此进行印象管理。如第三章所述，找借口是组织采用的印象管理策略之一（例如，“航班延误是恶劣天气所致”）。人们想知道借口的实际真假，它如何以假乱真，反之亦然。人类不善于觉察谎言，谎言通常在陈述事实上为真时才被推断出来（见 Weiner，1992a）。例如，如果航空公司代表说飞机延误是由恶劣天气造成，或者汽车修理工说他不能立即获得零件，那么消费者会相信这些说法的真实性吗？借口为真的频率如何？

    此外，当产品出现负面结果并引发指责时，谁会被认为对此负责？例如，漏油事故发生时，被视为责任方的是船长还是首席执行官？在日本，首席执行官通常会为明显超出个人控制范围的行为承担责任，公开承认有罪，甚至可能辞职。最终，海军（作为一个企业）对尾钩事件负责（在该事件中，海军人员在旅馆内性骚扰了许多女性），而不是仅将责任归咎于实施骚扰的人员。这种上级承担责任的情况，与先前伊拉克监狱虐囚丑闻的情况不同。高层人员，诸如将军或政府成员，不对这些暴行承担任何责任。
3. 截至目前，我都专注于负面结果。因为与正面经历相比，它们更容易引起归因搜索。但如前所述，积极结果也存在个人责任判断。它 176
们与积极情感有关，并激发“平衡”道德系统的行为。例如，如果牙医为治疗患者而推迟下班，或者其他服务人员“更贴心”地照顾客户，那么心满意足的客户的可控性归因，就会激发感激之情。感激之情，进一步提高了与该个体或公司维持关系的可能性。其他积极结果也可能随之而来，例如特殊的圣诞节礼物。“额外努力”的感知，可能会为产品和/或人注入顾客的忠诚。对于应用归因论者

> 而言，先前的讨论提出了许多非常相关的问题。如果我是一家公司的首席执行官（打消这个念头吧），我想知道，在什么情况下我应该为公司里那些根本不认识的个人的缺点承担责任。我想知道何时该认罪、道歉，何时该拒绝承担个人责任。我想确保在出现产品故障时能够提供尽可能多的信息，因为信息不足会导致对道德的不当推断并强加判决。例如，即使有暴风雪，我们也很容易责备航空公司延误。但当沮丧的旅行者清楚了解到暴风雪状况时，责备的行为就不太可能发生了。

这些对商业流程和实践有着直接影响的问题，值得应用归因论者来研究。这些问题的根源在于人是法官的观念，人要寻求对因果关系的理解，并决定谁或什么应该负责。

❖ 生活法庭上的攻击者和受害者

攻击的决定因素众多：从个人属性（如偏见）到环境原因（如炎热天气），从持久性因素（如冲动的遗传倾向）到短暂原因（如挫折事件），从不可控的缘由（如激素失衡）到可控的缘由（如逐利）。但似乎没有一个因素能够成为攻击行为的必要条件，因此提出一个包罗万象的攻击理论是不可能的（目前肯定不能，将来亦可能如此）。

177 在本书中，我坚持攻击研究的社会认知路径。它推定负面事件感知、对潜在挑衅的推断及其他信息加工活动，对于理解敌意行为如何发生、为何发生至关重要。归因分析是社会认知视角中的子主题。与理解攻击最相关的因果解释是，疑似敌意行为具有可控性。当然，这只是攻击故事的小片段。当以特定的理论路径为指导时，由于只选择了相关变量的一个子集，必定存在解释上限。

我现在仅关注两类攻击性群体：施虐母亲和青少年暴徒。尽管他们未曾被讨论过的攻击来源（例如育儿需求与同辈压力）确有差异，但对其行为的理论解释却十分相似。

施虐母亲与儿童身体虐待

从前文所倡导的归因视角来分析儿童的身体虐待，可以预见以下典型序列：

1. 比利将牛奶洒在桌子和他的新衬衫上。他的母亲认为他这样做是故意要激怒她。她感到很生气，打了比利。
2. 比利把牛奶洒在桌子和他的新衬衫上。因为比利的运动技能尚不成熟，他的母亲不认为这样做是故意或疏忽。她因不得不清理打扫而对该事件感到心烦意乱，但并不生孩子的气（而非因目标受阻而沮丧）。她可能还会因衬衫脏了而同情孩子并给予帮助，而不是寻求伤害性报复。

有诸多不同的数据来源，支持对体罚儿童的原因进行归因—情感—行动的解释。在儿童虐待研究的历史上，人们曾认为虐待的一个重要先决条件是父母对孩子成长的不切实际的期望，以及“相应地无视婴儿或孩子自身需求、能力有限和无助的情况”（Spinetta & Rigler，1972，p. 299）。虐待儿童的父母被认为缺乏养育孩子的知识，正是他们的错误期望和可控性推断将他们与未虐待儿童的其他父母区分开（Azar，Robinson，Hekimian，& Twentyman，1984；Bradley & Peters，1991）。尽管已有否证数据，但这个假设仍被认为是合理的（见 Rosenberg & Reppucci，1983；Twentyman & Plot- 178
kin，1982）。确证这个假设的障碍之一是身体攻击的其他决定因素，尤其是暴力父母的酒瘾和毒瘾。

与施虐父母的这一解释相关的是，他们倾向于认为孩子故意实施不良行动（见 Golub，1984），并相信孩子可以控制所进行的负面行动（Bugental，1987；Bugental，Blue，& Cruzcosa，1989）。其他支持性研究报告指出，面对未经证实的因果信息时，与非施虐父母相比，存在儿童施虐风险的父母更不可能改变对儿童意图的推断（Milner & Foody，1994）。

从归因视角来看，任何加强对儿童消极行为的意向性感知的远端因素，都会加剧身体虐待。众所周知，贫穷增加了儿童虐待事件。基于归因路径，失业降低了将他人行为视为故意敌对行为的门槛（先前讨论的“压力外溢”是导致痛苦婚姻的有效因素）。压力之下，施虐父母很少能觉知情境线索，用以判断儿童行为的适当性（Milner，1993）。此序列可以总结如下：

> 高父母压力—被视为消极的儿童行为—儿童负责的推断—高愤怒—敌意性报复（高惩罚）。

在对这一分析的一项实验性测试中，格拉汉姆等（Graham，Weiner，Cobb，& Henderson，2001）首先识别出施虐母亲、无施虐史但因患瘾症而存在施虐风险的母亲，以及无前科无风险的母亲对照组。研究者给被试放一段录像，录像中孩子表现出有问题的行为，如拒绝穿衣上学、争抢食物、拒绝上床睡觉等。所有母亲要回答她们认为孩子应对问题行为负有多少责任、她们的愤怒和同情（“为之感到遗憾”）以及认为孩子应该受到惩罚的程度。她们还被要求想象自己的孩子与录像中的主角表现类似，并再次评定。此外，还测量了母亲的压力。

表 5.1 所示结果是母亲评估录像中的孩子和自己孩子的平均值，两者呈现出高相关。表 5.1 显示施虐母亲的压力更大；认为目标儿童对消极行为负有更多责任；更愤怒，更同情，也推荐更重惩罚，尽管同情和惩罚评
179 分在所有条件组之间没有显著差异。同情变量结果与假设相矛盾。但之后的面谈资料显示，施虐母亲是因为对孩子施以严厉惩罚而感到内疚，对同情结果的解释变得更加清晰！

表 5.1　　因变量的均值差异：作为不同施虐条件的函数

	施虐条件组		
	施虐（$N=14$）	施虐风险（$N=28$）	非施虐（$N=33$）
压力指数	61.5	53.75	39.76
归因判断			
责任	4.61	4.06	3.83
愤怒	4.50	3.91	3.59
同情	3.92	3.63	3.42
惩罚	3.92	3.78	3.40

资料来源：Graham，Weiner，Cobb，& Henderson ，2001，p. 245.

对这些数据的回归分析表明，考虑所有变量的情况下，惩罚的最直接决定因素是母亲对行为不端的孩子的愤怒程度。这符合理论预期。

针对身体虐待的干预措施　针对施虐父母的治疗方案，通常侧重于提高看护者的养育知识、教授为人父母的技巧，尤其是纪律规矩的有效使用，并帮助制定包括愤怒管理在内的自我控制策略（Azar，1997；Fiendler & Becker，1994；National Research Council，1993）。因为焦点是改变外显行为（实际的虐待），所以这些多成分的程序，通常极少关注心理过程和思想，以及引发行动的情感前因。

先前的讨论以及表5.1中的发现，对施虐母亲的干预，以及对有施虐风险母亲的预防性治疗均有价值。合理的干预起点是着眼于归因变化，训练施虐母亲，让她们认为孩子对自己的不端行为只有更少责任。另外，在动机的时间序列中，还可通过回退到责任推断的前提来实现成功的干预。
例如，可以提供社会规范信息，以表明特定年龄的大多数孩子在从事这些 *180*
目标行为。果真如此，这些行为就并不像看起来那样“不道德”，或许只是因为父母的期望过高。

如前所述，这里的讨论集中于社会认知范畴中的因果信念，它以许多适应不良的行为和对社会经验的不正常认知解释作为施虐母亲的特征。针对施虐父母的多成分治疗方案，倾向于处理一系列攻击性决定因素。在这样的综合计划中，很难分辨本质的干预要素。如果目标是希望干预能全面地立竿见影，那么特异性的缺乏问题可以忽略不计。关键是干预的有效性。但是，如果其目标还有理论性抱负，如理解什么社会认知过程映射到哪些特定类型的行为变化（因果相关）中，那么综合干预方法将不会产生“良好”（明确）的数据。显然，干预研究需要在理论特异性和治疗广度之间进行权衡。

青少年攻击

与施虐母亲的情况相同，青少年攻击也由多种因素所决定。有冲动倾向的以下男性尤其容易实施攻击：“（a）早产，且母亲为缺乏养育经验的未婚妈妈；（b）智商测试得分很低；（c）宁愿待在家里看电视，也不愿上

学。”（Graham & Hudley，1991，p. 77）

此外，基于道奇及其同事的研究（见 Dodge & Crick，1990），有研究发现攻击性强的青少年，在遭受同辈挑衅的负面事件后，存在敌意归因偏差（见第一章）。在一个支持该结论的代表性实验中，格拉汉姆等（Graham，Hudley，& Williams，1992）首先根据同辈提名和教师评定区分了攻击性和非攻击性的青少年。然后他们向被试提供一些结果消极的实验任务描述，例如个人财物遭到损害。损害的原因被描述为意外、故意或模棱两可的。与其他研究一致，这些学者报告说：“当因果情境不明晰时……攻击性强的被试更可能相信假想的同辈行事恶意。”（Graham & Hudley，1991，p. 84）在一系列的行为选择中，他们偏好“报复”。

181 为什么攻击性不同的青少年在表征或解释社会事件的方式上会存在差异？格拉汉姆和亨德利（Graham & Hudley，1994）随后推断，从记忆存储角度，这些群体的构念可及性存在差异；攻击性强的孩子推断出意向性，是因为他们自己生活中经历过太多的责备情景（责备他人或饱受责备）。为证明这种可及性解释，格拉汉姆和亨德利（1994）首先让两类青少年被试阅读涉及有意或无意的同辈挑衅短文。这些操纵是为了激发有关意向性的想法。然后，被试阅读一篇消极行动原因很模糊的短文，报告自己对该行动的原因感知、他们的情感以及他们的行为倾向。

格拉汉姆和亨德利（1994）发现，就攻击性强的孩子而言，当最初的短文描述故意的行为时，他们对后来原因模糊的故事的意向、愤怒和责备的评分不会发生改变。这是预料之中的，因为意向性已经在他们的事件解释中被激活。与此同时，对于非攻击性儿童，当意向构念被激活时，其评分会显著提高，可能是因为通常情况下该构念不会被唤起以影响他们对事件的理解。因此，数据表明：“因果信念可及性的个体差异，体现了攻击性和非攻击性的青少年男性之间有意义的区别。”（Graham & Hudley，1994，p. 370）

减少攻击的干预措施　以前述基础研究为指导，亨德利（Hudley，1991）开发了一个基于学校的认知干预项目，旨在改变具有攻击倾向的儿童的意向推断。这个项目为期6周，其中一个目标旨在提高被试的意向推断的准确性。此外，在因果关系模糊的情境中，要提高非意向性归因的认知便利性。

项目活动有游戏、讲故事、同辈练习等等（另见 Hudley & Graham，1993）。

研究者对假想的社会困境进行前测后测，以检验干预方案的有效性。攻击性的社会困境在因果关系上是模糊的。结果如图 5.1 所示，证明了干预的成功。与对照组相比，经过干预训练后，实验组的意向归因、愤怒和敌对反应均有降低。因此，这种干预技术是减少目标青少年群体攻击性的可行路径。

格拉汉姆和亨德利（1991）认为，从干预中受益最大的是被动攻击者，而非主动攻击者。也就是说，该项目的目标是感知到他人威胁后做出 182
敌对反应的青少年，而不是无缘无故就发动攻击的青少年。从理论上讲，攻击的基本决定因素只在前者的归因过程中被激活。

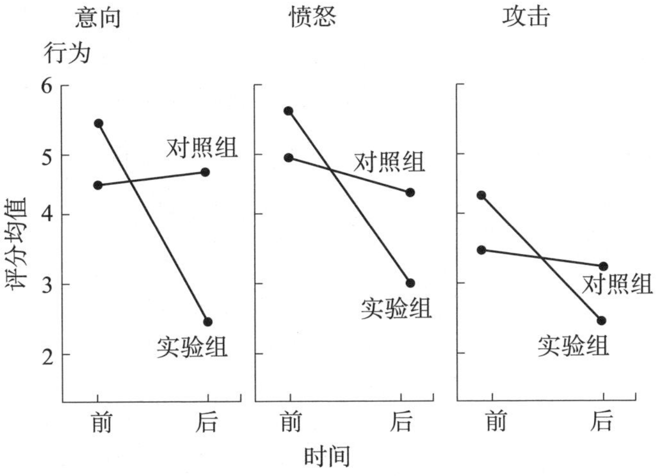

图 5.1　实验组和对照组的前测后测评定

资料来源：Graham & Hudley，1991，p. 88.

训练找借口　以攻击性青少年为目标的干预措施，旨在将对他人行动的归因从有意变为无意。在这些个体所面对的敌对环境中，这种干预可能无效且不准确。另一种路径是让他人将攻击性强的孩子的敌意行为解释为较少故意，从而减少愤怒和潜在的报复行为。这可以通过向受害人传达替代原因信息来实现。

尽管捍卫真理和诚实是大多数社会的基本行为准则，但社会的良好运转也必须有隐瞒真相的社会能力。此类话术包括“说善意的谎言”、避免传达可能会威胁到自尊的知识和找借口。在这些情况下，忠于事实可能要
183 让位于其他目标。例如，一个少年可能会说自己因病错过了同学聚会，而实际原因是他更愿意与其他朋友待在一起。在此示例中，坚持真实可能会带来负面后果。

犯罪后，就越轨行为找借口甚至是不真诚地坦白往往具有积极价值。如果借口或坦白被接受，则当事人要么被认为对越轨行为较少担责，要么更可能被宽恕。这些后果可以最大限度地减少对方的愤怒，并有助于防止敌对行动。

研究表明，与非攻击性儿童相比，攻击性儿童在与他人交往中不太可能追求亲社会目标（见 Crick & Ladd，1990）。此外，攻击性儿童对他人情感的识别相对不准确，对受伤害同辈的感受也更少关心（见 Rabiner & Gordon，1993）。这意味着攻击性儿童缺乏必要的社交技巧，以建立积极关系，并在冲突情况下化解敌意。基于此推测，格拉汉姆等（Graham，Weiner，& Benesh-Weiner，1995）假设，攻击性儿童不理解找借口的功能，这会增加公开冲突的可能性。

为检验这一假设，格拉汉姆等（1995）为年龄较小的（幼儿园到 5 年级）和年龄较大的（6 ~ 8 年级）攻击性和非攻击性儿童提供了攻击性的实验短文材料。研究者要求被试想象他们做出了越轨行为（例如，没有在约定的时间出现），而目标受害者是他们的母亲或同辈。有些短文中的原因是可控的，其他短文中的原因则不可控。被试得指明在这些情境中他们被感知到的责任程度、对方会生气的程度，以及他们是否会坦承真正的原因。

表 5.2 显示了被试报告可控原因的百分比。在非攻击性的儿童当中，传达可控原因信息的可能性，随着年龄增长而降低。换言之，随着年龄增长和社交敏感性增加，非攻击性的年轻人更可能撒谎（隐瞒可控原因）。但攻击性儿童没有表现出这种趋势。无论长幼，攻击性儿童都实话实说，并传达引起愤怒的原因。

此外，两个年龄组的原因可控性、愤怒和反应抑制之间的感知关系，随年龄增加而不断增长，亦即这些评定的相互关系增强。然而，如图 5.2

所示，在年长群体中，非攻击性儿童的关系强度或社会理解的指标，要比攻击性儿童高得多。

表 5.2 被试坦承可控原因的比例：作为攻击状态组、年龄和攻击目标的函数 184

目标	攻击状态组			
	攻击性		非攻击性	
	年幼（$n=31$）	年长（$n=28$）	年幼（$n=22$）	年长（$n=24$）
母亲	69	68	68	33
同辈	47	43	64	25

资料来源：Graham，Weiner，& Benesh-Weiner，1995，p. 281.

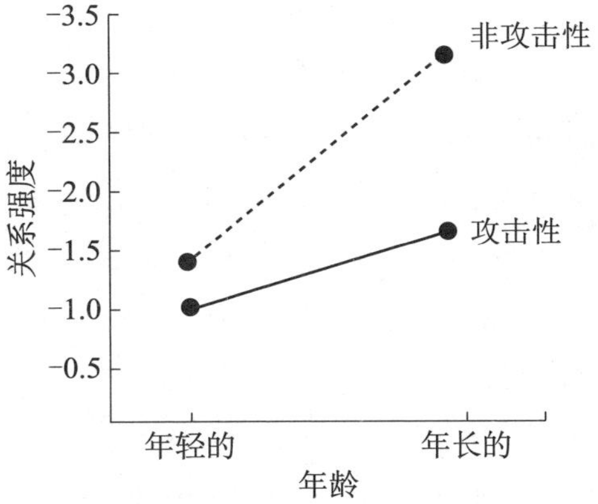

图 5.2 社会觉知指数均值（归因变量间相关）作为攻击状态组和年龄的函数

资料来源：Graham，Weiner，& Benesh-Weiner，1995，p. 281.

基于上述发现，格拉汉姆等（1995）指出，攻击性儿童将从干预策略中受益，因为该策略专注于改变他人对自身的感知，而不是（除了）自身对他人的感知。合理利用借口、道歉和其他理由以最小化他人的愤怒，这些训练将为此类干预项目奠定基础。在这些项目中，攻击性青少年也可以学会尊重他人的辩解，因此，借口和坦白将带来宽恕。这种路径提供了不 185
同的干预途径，但它也导源于归因理论。

❖ 小结

心理学家的既定目标是“馈赠心理学的智慧”。也就是说，将我们的知识传播给公众，以便应用在日常生活中。显然，通过心理测试、临床诊断和心理治疗等方式，心理学已对日常生活产生了深远影响。但事实证明从社会心理学和动机研究中抽取出原理更为困难。这可能是因为我们要提供的知识并不完备；常人在生活实践中对之早已知悉；我们所洞悉的不为人知的知识，多为理论性的而无实用价值。

我在本章专注于挖掘社会动机与正义论或归因动机论的应用领域。这些应用领域包括课堂、看护者对精神/身体病患的反应、不幸婚姻、与消费者的沟通，以及施虐母亲和青少年的攻击行为。在每种语境中，个体作为法官的隐喻，都至关重要：教师评价学生，这引发课堂作为法庭的有害解释；家庭看护者批评患有精神分裂症和癌症的家庭成员，从而加重他们的病情；婚姻伴侣因家庭琐事互相指责，从而加剧婚姻的螺旋式破裂；制造商和服务商向公众隐瞒信息，从而加剧责任信念推断和报复意愿；在发生厌恶事件后，施虐母亲和攻击性青少年进行恶意推断，且拒绝接受他人辩解。针对所有这些议题，归因动机论之所以如此有力强健，是因为它们都涉及责任感知和愤怒体验。

我们所建议的具体干预措施，并非公告世人这些社会问题都可由归因论者来彻底解决。例如：取消评分会改善课堂气氛吗？让夫妻不互相指责会改善他们的婚姻吗？让航空公司公布天气状况会改善与消费者的关系吗？让施虐母亲和青少年不要因为负面事件而责备他人会降低攻击性吗？
186 向攻击性青少年训练找借口的价值和尊重他人解释会降低攻击性吗？我怀疑这些答案都“确定无疑”，但得清楚干预变化的幅度可能很小，且只适用于部分人群。人得谦卑！

但社会动机与正义归因论也确实拥有应用于现实世界的潜能。我也确信它还遗存未触及的领域。令人鼓舞的是，实际应用的原理直接源于理论，而成功的应用将助长对理论的信心。果真如此，九泉之下的勒温也会喜笑颜开吧。

结语：187
归因动机论宣言

归因论的起源，可追溯至对认识论或知识论的长久兴趣。在归因论的奠基性论文中，海德（Heider，1944）追问为什么只有当光线撞击眼睛时，我们才能看清建筑物。这个问题后来转变为，当无法直接观察内心想法时，我们如何推断他人的意向。海德确信，物理感知律与个人或社会感知律相似（尽管后者更为复杂）。在这两种情况中，都必须“超越既定信息”来推断不能直接观察到的对象。即在感知序列中，观察者从感官信息这类近端或直接刺激，移向建筑物或意图这类远端和间接刺激。我捍卫这一传统。我们观察到有不作为者，然后推断出努力不足是可控原因，并且他得担责或被认为“道德低下”。其感知序列是从近端刺激到“超越既定信息”。

受惠于海德的洞识和灵感，归因论最初侧重于认识论问题“我们如何知道”，即在对自我和他人进行因果推断时涉及哪些信息和过程。对此，有一系列里程碑式的论著，如海德（Heider，1958）的《人际关系心理学》，以及随后琼斯和戴维斯（Jones & Davis，1965）有关特质推断或对应推断的经典篇章和凯利（Kelley，1967）有关因果决策信息类型（一贯性、共识性、社会规范）的论文。正如本书导读所指出的，事件原因是内因还是外因受到特别关注。由此，对原因来源的推断，是归因分析和寻找特定 188
事件发生原因的核心。

对于动机心理学家而言，局限于认识论抑或人们如何认识，会限定归因分析兴趣。但将知识与行动联系起来，将“为什么”与“那么”或

"因此"联系起来，就能将对因果信念的研究提升为动机心理学的核心。这是因为行动倾向基于因果信念和由因果知识产生的情感。个体如何推断孩子是能力不足还是没有尽力（刺激-认知的联系），这议题引人入胜。近端刺激或信息（例如失败的人数）有助于这种推断。有趣的是，我们将缺乏努力归为意志控制，并认为个体需对此负责。但除此之外，孩子的失败是否被归因于能力不足而非努力缺乏，对于预测父母的情感和行为（认知-情感、认知-行为和认知-情感-行为的联系）至关重要。他们是同情并提供支持，还是生气并加以惩罚？对于社会心理学家和动机心理学家而言，归因分析的丰富性在于归因后果，而非（或不仅仅）因果信念的前因。

什么情境会引发冲突的因果信念，并导致与这些归因相关的后果？落向你的岩石是由于山崩还是他人投掷，这无疑会在情感和行为上造成巨大差异。如前所述，同样，父母对孩子成绩差的情感和行为反应，取决于他们是否相信自己的孩子没有努力而非能力低下。约会对象没有露面，如果你知悉他/她是与别人约会而非躺在医院，则情感与行动亦迥然不同。这些例子数不胜数。单纯记录此类事件，并不会大大增加动机或归因论的科学性，并且这也是不可能的，因为列表长度是无限的。所创建的理论必须能对特定实例进行分类和组合，这一过程依赖于其基因型或基本特性而非其表型或可见特征。理论各部分应当相互联结，其结构也必须关联于可观察世界。理论还必须解决动力学问题，即产生情感和/或行为改变的力量和行动趋势。在本书中，我构筑了包含这些特质的社会动机与正义论——
189 其结构严整，结构成分间相互联系，以经验为锚，可预测情感和行为。由于归因动机论基于原因和事件的基因型特征，它具有跨行为领域的普遍性。

归因动机论并不自夸要解释所有行为领域的可观察事实。相反，它旨在解释大多数（而非全部）动机领域的可观察事实。这也是本理论适用性的焦点和范围。其边界条件，部分取决于对道德、罪与病、应得性、正义和公平等概念的关注。因此，这是一种人类动机而非低人动物的动机，它是由神学和法律所引导，而非物理学和生物学。

❖ 归因动机论的妙处

归因动机论的妙处何在？

归因动机论能够深入解剖宽广的人类动机议题，如趋近与回避，奖赏与惩罚；迎向、远离与反对，认知、情感与行为，中介与调节。

它也解蔽了特定的动机性行为，如成就语境中的评价、对受污者的反应、助人、对不同权力越轨依从者的惩罚以及攻击性报复。

它还解释了系列情感。得到完备解释的是愤怒和同情，至少得到部分解释的是羡慕、嫉妒、感激、罪疚、愤慨、妒忌、后悔、幸灾乐祸、蔑视和羞耻。

它还为许多哲学、神学和/或法律问题贡献洞识，至少是替代性观点，如道德责任的决定因素、自由意志与决定论之间的关系、原因与理由之间的区别、功利性惩罚与报复性惩罚之间的对比、道德情感和不道德情感的界定，以及借口、合理化和坦白的功能。

它还能解释人格推断，如傲慢与谦虚，以及普遍的积极（道德）和消极（不道德）特质。

它还把众多论题融入其概念框架中，如政治意识形态的**个体差异**、配偶双方的**互动行为**、有精神或身体病患成员的**家庭动力学**、公司解释其越轨行径的**组织行为**，以及墨西哥和美国对肥胖反应的**文化差异**。 190

印象管理技术/辩解可被论及（如先前在讨论哲学/神学贡献时所述）。例如，借口是想把因果关系从可控变为不可控，合理化是想减轻责任而非意志选择，坦白则是想改变个人特质和越轨原因稳定性的推断。

我们也在模拟和现实情境中实施了多种验证实验。涉及的命题有：因为缺乏努力而非缺乏能力而失败会受到更重惩罚；对艾滋病的谴责多于对阿尔茨海默病的谴责；滥交而非输血污染导致艾滋病受到更多谴责；因为报酬允诺而非恐惧惩罚的越轨依从导致更大的消极反应；因公司停业而失业比因经常迟到而失业获得更多帮助；他人故意而非意外的攻击更可能引发攻击性报复；等等。这些仅仅是示例，还存在无数个把握相同定律的实验变体。类似地，已经确证情感的认知前因即因果信念推断，如责任推断对愤怒、无责推断对同情。而各种印象管理策略的价值和后果也同样被证明，正如对立的归因引发分化的惩罚目的。

归因动机论已经或正被实际应用于各种语境，包括学校环境、婚姻咨询、精神病患家庭成员的咨询、对施虐父母和攻击性青少年的干预，以及商业组织中的干预。

在这高光时刻，我无上荣耀。在动机领域内外，归因动机论融会了理论的广度深度、预测的确定性和实践应用的亲和性。所有其他的人类动机论都无法与之比拟！

❖ 归因动机论的疏漏

那归因动机论有疏漏之处吗？答案确定无疑。最突出的疏漏是它无法
191 解释人为什么有饥渴或性冲动。它也无法掌控餐厅选择，除非有先前的成败归因（而非小费金额大小）。存在这些疏漏是因为本理论缺乏传统的动机构念，如动机、需求、本能、激励、价值、习惯、情感预期、内稳态甚至享乐主义。人不强求恢复平衡，也不会最大化愉悦和最小化痛苦。若缺乏生存必需品——一种寻求激励的动机，行为就不会被发动。但可观察的结果、事件或状态激活了理解的欲望。理解或归因，与其他认知相结合，深具情感内涵；这些认知和情感是行为的驱动力，而人受这些情感推动而不是拉动。历代动机研究者所青睐的动机老友们——内脏性需要（viscerogenic needs）和激励，被我废弃，因而也限制了本理论的焦点和范围。

这疏漏致命吗？若期许用归因动机论来解释饿汉的餐馆选择行为，那确实如此。但我坚信近期绝不会有动机理论能够整合动机领域内外的所有行为。解释道德判断的理论，不太可能解释饮食行为。基于此，我用隐喻作为理论基础，因为隐喻可以在人类行为解释中并行不悖。本书的指导隐喻——人作为法官、生活作为法庭，虽然不能解释生存行为，但与人类的其他动机息息相关。

如果以为这些问题已了，那也太鲁莽了。我还无法确定普遍的动机序

列是什么；责任评估是否必定早于愤怒，愤怒是否必定产生反社会行动；认知和/或情感是否是行动的充分（甚至是必要）条件。我也不确定归因论与大众心理学或素朴心理学之间的联系，甚至无法确定这问题是否重要。人类动机性行为的世界同时具有过度决定论和混沌特征，这种复杂性将侵蚀这一理论最明确的证据及其核心假定。

❈ 归因动机论：理论之树长青

被宠爱的心理学理论（a pet psychological theory），其寿命就像宠物猫狗一样——通常为 10 ~ 13 年，相当于人类的 70 ~ 90 年。受宠理论的寿命，部分取决于宠物体型（理论越大，死亡越早）和饲养方式等。宠物常在 10 192
岁左右开始衰老，视力下降，无法适应新环境和跨越生活中的许多障碍。与近期事件相比，它对遥远过去的记忆力和解释力更强，行动也更为刻板。

如前所述，当代归因论奠基于海德（Heider，1958）的名作《人际关系心理学》。这几乎是半个世纪以前的事了；以宠物纪年计算，这种路径已 350 岁了。我邻居家的老猫已年满 22 岁了（相当于人类的 154 岁），而这在动物宠物和受宠理论中也很少见。这里提出的归因—情感—行动论是新近的，最早可见于我 1995 年的著作《责任推断》，在其中，它被清晰构造。因此，即使是归因论的这种特定类型，也大约有 10 年的历史（以宠物纪年已有 70 岁）。

为什么归因论有如此强健持久的生命力，远远超越失调和平衡、社会比较和自我知觉等理论呢？我们仍然在庆祝这些动机老友，它们还依稀被记得，但必须坦承它们不再充满生命活力（élan vital）。那么，归因论的生命力归于何处呢？

归因论长寿的原因之一，是其着重解释普遍关切——特定事件、状态或结果出现的原因以及现象因果性的后果。因此，它不仅吸引了社会和动机心理学家，也吸引了心理学的其他分支以及相关学科的学者。这种跨领域的滋养刺激了归因论，并在其成熟时注入新的生机。对于认知心理学家而言，他们对认识论和因果推断的普遍兴趣，为检验和重构归因原理提供了动力；对于临床心理学家而言，他们对抑郁发作可能源于不正常的因果信念、累犯由家庭成员的指责所致的这些关切，激活了新的归因思想；对于人格心理学家而言，基于个体的因果推断，他们将个体按照“归因风格”归类（如乐观主义者和悲观主义者），由此创造了可拓展至健康心理学和压力应对的全新研究方向。此外，在贫困、福利、艾滋病以及许多其他结果、状态和条件的个体原因选择中，也发现了重要差异。正如凯利（Kelly，1955）所指出的，存在对世界的另类解释构念，其中必然包含因果信念。而对于教育心理学家而言，对学生、老师及父母解释成败的关
193 注，为归因扩展开辟了新道路。所有这些也只是归因躯体上勃发生长的一些触须蔓枝而已。

❖ 归因动机论：素朴的还是科学的？

归因论通常被贴上素朴理论或常识/共感理论的标签（由于其他民科理论不同意归因论所提供的解释，或为归因论提供了替代性的民科解释，连这一观点也受到了质疑；见 Haslam，2003；Kelley，1992；Malle，2004）。有时，归因论被轻蔑地等同于祖母（*bubba*）心理学。这种心理学被贬低的原因是，其理论预测和/或支持证据，对于普通人来说是众所周知或显而易见的，因此在新知方面贡献不足。例如，故意伤害要比意外伤害负更多责任，对于读者而言肯定不足为奇。因此，故意踩到他人脚趾的人，要比被推挤而无意识地实施相同行为的人，承担更多的过错。此外，众所周知，与因能力低下而失败相比，懒散导致的失败会引发更多的愤怒。因此，与拼命奔跑的球员相比，在击球后没有迅速跑到一垒的优秀棒球运动员，将遭受更多的消极情感。福斯特林和鲁道夫（Forsterling & Rudolph，1988）甚至发现，面对他人因努力不足而失败，与听任相比，愤怒反应适当而智慧。更进一步，与生气或没有情感反应的人相比，有同情心的人似乎更有可能帮助急需之人。可控性、责任、情感和行动之间的关系是本理论的焦点。因此，人们可能会说：“那么，有什么新东西吗？我们以前不

知道这一切吗？研究结果之所以如此可靠，是因为它们显而易见。”

第一、二章中所评论的大多数经验证据，的确都与常识相符。归因论有时会研究显而易见的现象，正如讨论责任信念作为愤怒的决定因素时所指出的，本理论最好地体现了常人平常行事的过程。它不能很好地表征宗教徒的最虔诚时刻。但我已详细证明归因动机论能包纳表型上不同的多种现象，如成就评价、对受污者的反应、助人、依从和攻击。这种对普遍性的孜孜以求，与普通人的目标和能力相去甚远，他们只想了解具体事例，而非试图挖掘基本动机法则。常人可预测助人行为，这主要涉及心脏问题（同情体验就足够）；但攻击行为的近因，同时关涉心脏和大脑（情感和认 194
知），这超出了他们的直觉。这种经验贡献当然不是素朴理论的特征。

（对于我而言）悖论在于，动机心理学中的其他理论也做出了素朴或日常理解的预测，但它们并没有被贴上祖母心理学的标签。例如，驱力理论被视为科学的动机研究的原型。它主要预测高驱力的动物，如饥渴的动物比饱食（低驱力）的动物更容易受食物或水预期的激励。我想这无人喝彩。相似地，海德（Heider，1958）和其他研究者所精心构筑的平衡理论，预测了这种情景：简喜欢比尔但比尔不喜欢简（或者反之），比之他们彼此喜欢，会导致更大的改变欲望。这也不足为奇。然而，平衡理论并未被冠之素朴心理学。因此，常识理论的标签尚未得到一致或系统化的应用。

我认为归因概念体系在某种意义上的确是一种素朴理论，因为它的许多预测与日常理解一致。这也是它被如此强烈证实的部分原因。但我并不认为研究普遍现象是种缺点。而归因动机论的主要预测，以及其核心的完备动机序列关系模式，也远远超越了日常理解。因此，就我对这标签的理解而言，归因动机论既素朴也科学。

最后，素朴而非科学标签的标定，也许还和我的隐喻有关。本书的基石并非源自生物学，或人是机器的隐喻。而这正是许多先前的动机论的特征，包括弗洛伊德和赫尔的动机论。相反，归因动机论的基石从法律和神学演变而来。它的基本概念和术语体系有因果性、责任、愤怒、同情等。我的主导隐喻——人是法官而生活是法庭——确实是常识性的理解，而不关涉机器的神秘运作；而机器的神秘运作则基于物理定律，当然不是素朴的。

❈ 归因动机论的未来

读者和我自己可能会追问："那以后怎么办?"理论和经验探索最富收获的方向是什么？我已经论及，归因动机论的持久活力在于探求新的理论
195 方向，开拓未知的研究路径。但我并不确定路在何方，面目如何。这也许会让读者失望。但归因论内蕴的丰沛性和孕育性一直赐予我惊喜——一锄头下去定能挖出金块。

在这个时间节点，拓展其广度和新方向可能并不必要。当下的理论体系有些细节处并非尽善尽美，还是要坚固完善已有的知识体系。更为迫切的是挖掘理论深度而不是拓展广度。当然，每个研究者都期许开拓自己的崭新道路。重复性研究的重要性因而被严重低估，且这类研究肯定没有新方向那么令人亢奋。但是与对特定主题的不同变式的研究一样，也必须对之进行重复性研究，以便对已明确的难题进行经验性验证。

尽管无法确定归因理论及其研究的未来方向，但我坚信，任何"终极"动机论都必须承认归因分析的深厚价值：它所奉献的经验和理论基础、决定性的发现和概念工具。因此，作为归因思想的一名贡献者，我心满意足。正如本书开头所引："我们无法忍受自己的声音像收音机里的广播一样，逐渐减弱，最终休止。"

参考文献

Abel, R. (1998). *Speaking respect, respecting speech.* Chicago, IL: University of Chicago Press.

Allred, K. G., Mallozzi, J. S., Matsui, F., & Raia, C. P. (1997). The influence of anger and compassion on negotiation performance. *Organizational Behavior an Human Decision Processes, 70,* 175–187.

Atkinson, J. W. (1957). Motivational determinants of risk-taking behavior. *Psychological Review, 64,* 359–372.

Atkinson, J. W. (1964). *An introduction to motivation.* Princeton, NJ: Van Nostrand.

Atwood, M. (2001). *The blind assassin.* Nelson, NZ: Anchor Press.

Averill, J. R. (1982). *Anger and aggression: An essay on emotion.* New York: Springer-Verlag.

Averill, J. R. (1983). Studies on anger and aggression. *American Psychologist, 38,* 1145–1160.

Azar, S. (1997). A cognitive behavioral approach to understanding and treating parents who physically abuse their children. In D. Wolfe, R. McMahon, & R. Peters (Eds.), *Child abuse: New directions in prevention and treatment across the lifespan* (pp. 79–101). Thousand Oaks, CA: Sage.

Azar, S., Robinson, D., Hekimian, E., & Twentyman, C. (1984). Unrealistic expectations and problem-solving ability in maltreated and comparison mothers. *Journal of Consulting and Clinical Psychology, 52,* 687–691.

Bailey, W. C., & Peterson, R. D. (1994). Murder, capital punishment, and deterrence: A review. In C. Aktaki & C. Brewin (Eds.), *Attributions and psychological change: Applications of attribution theories to clinical and educational practice* (pp. 177–194). London: Academic Press.

Bandura, A. (1986). *Social foundations of thought and action: A social cognitive theory.* Englewood Cliffs, NJ: Prentice-Hall.

Barnes, R. D., Ickes, W., & Kidd, R. F. (1979). Effects of the perceived intentionality and stability of another's dependency on helping behavior. *Personality and Social Psychology Bulletin, 5,* 367–372.

Baron, R. M., & Kenny, D. A. (1986). The moderator–mediator variable distinction in social psychological research: Conceptual, strategic, and statistical consideration. *Journal of Personality and Social Psychology, 51,* 1173–1182.

Barrowclough, C., & Hooley, J. M. (2003). Attributions and expressed emotion: A review. *Clinical Psychology Review, 23,* 849–880.
Barrowclough, C., Tarrier, N., & Johnston, M. (1994). Distress, expressed emotion and attributions in relatives of schizophrenic patients. *Schizophrenia Bulletin, 22,* 691–701.
Batson, C. D., Bowers, M. J., Leonard, E. A., & Smith, E. C. (2000). Does personal morality exacerbate or restrain retaliation after being harmed? *Personality and Social Psychology Bulletin, 26,* 35–45.
Bauerle, S. Y., Amirkhan, J., & Hupka, R. B. (2002). An attribution theory analysis of romantic jealousy. *Motivation and Emotion, 26,* 297–319.
Baumeister, R. F., & Ilko, S. A. (1995). Shallow gratitude: Public and private acknowledgment of external help in accounts of success. *Basic and Applied Social Psychology, 161,* 191–209.
Belgum, D. (1963). *Guilt: Where psychology and religion meet.* Englewood Cliffs, NJ: Prentice-Hall.
Bentham, J. (1962). Principles of penal law. In J. Browning (Ed.), *The works of Jeremy Bentham* (pp. 365–396). New York: Russell and Russell.
Ben-Ze'ev, A. (1992). Pleasure in another's misfortune. *Iyyan, The Jerusalem Philosophical Quarterly, 41,* 41–61.
Ben-Ze'ev, A. (1993). On the virtue of modesty. *American Philosophical Quarterly, 30,* 235–246.
Berkowitz, L. (1993). *Aggression.* New York: McGraw-Hill.
Berlyne, D. E. (1968). Behavior theory as personality theory. In E. F. Borgetta & W. Lambert (Eds.), *Handbook of personality theory and research* (pp. 629–690). Chicago: Rand McNally.
Berndsen, M., van der Pligt, J., Doosje, B., & Manstead, A. S. R. (2004). Guilt and regret: The determining role of interpersonal and intrapersonal harm. *Cognition and Emotion, 18,* 55–70.
Betancourt, H. (1990). An attribution–empathy model of helping behavior. *Personality and Social Psychology Bulletin, 16,* 573–591.
Betancourt, H., & Blair, I. (1992). A cognition (attribution)–emotion model of violence in conflict situations. *Personality and Social Psychology Bulletin, 18,* 343–350.
Betancourt, H., Hardin, C., & Manzi, J. (1995). Beliefs, value orientation, and culture in attribution processes and helping behavior. *Journal of Cross Cultural Psychology, 23,* 179–195.
Bies, R. J., & Sitkin, S. B. (1992). Explanations as legitimization: Excuse-making in organizations. In M. L. McLaughlin, M. J. Cody, & S. Read (Eds.), *Explaining one's self to another: Reason giving in a social context* (pp. 183–198). Hillsdale, NJ: Lawrence Erlbaum Associates.
Blumstein, P. W., Carssow, K. G., Hall, J., Hawkins, B., Hoffman, R., Ishem, F., Maurer, C. P., Spens, D., Taylor, J., & Zimmerman, D. L. (1974). The honoring of accounts. *American Sociological Review, 39,* 551–566.
Bollen, K. A. (1989). *Structural equations with latent variables.* New York: Wiley.
Bradbury, T. N., Beach, S. R. H., Fincham, F. D., & Nelson, G. M. (1996). Attributions and behavior in functional and dysfunctional marriages. *Journal of Consulting and Clinical Psychology, 64,* 569–576.
Bradbury, T. N., & Fincham, F. D. (1990). Attributions in marriage: Review and critique. *Psychological Bulletin, 107,* 3–33.
Bradley, E., & Peters, R. (1991). Physically abusive and nonabusive mothers' perceptions of parenting and child behavior. *American Journal of Orthopsychiatry, 61,* 455–460.

Bugenthal, D. (1987). Attributions and moderator variables within social interaction systems. *Journal of Social and Clinical Psychology, 5,* 469–484.

Bugenthal, D., Blue, J., & Cruzcosa, M. (1989). Perceived control over caregiving outcomes: Implications for child abuse. *Developmental Psychology, 52,* 532–539.

Bush, G. W. (1999a, January 27). *State of the state address* [On-line]. Available on the Internet: http://www.georgebush.com/speeches/1-27-99sos.html

Bush, G. W. (1999b, July 22). *The duty of hope* [On-line]. Available on the Internet: http://www.georgebush.com/speeches/7-22-99_duty_of_hope.html

Buss, A. R. (1978). Causes and reasons in attribution theory: A conceptual critique. *Journal of Personality and Social Psychology, 36,* 1311–1321.

Butzlaff, R. L., & Hooley, J. M. (1998). Expressed emotion and psychiatric relapse: A meta-analysis. *Archives of General Psychiatry, 55,* 547–552.

Byrne, C. A., & Arias, I. (1997). Marital satisfaction and marital violence: Moderating effects of attributional processes. *Journal of Family Psychology, 11,* 188–185.

Caprara, G. V., Pastorelli, C., & Weiner, B. (1994). At-risk children's causal inferences given emotional feedback and their understanding of the excuse-giving process. *European Journal of Personality, 8,* 31–43.

Carlsmith, K. M., Darley, J. M., & Robinson, P. H. (2002). Why do we punish? Deterrence and just deserts as motives for punishment. *Journal of Personality and Social Psychology, 83,* 284–299.

Carlston, D. E., & Shovar, N. (1983). Effects of performance attributions on others' perceptions of the attributor. *Journal of Personality and Social Psychology, 44,* 515–525.

Carroll, J. S. (1979). Judgments by parole boards. In I. H. Frieze, D. Bar-Tal, & J. S. Carroll (Eds.), *New approaches to social problems: Applications of attribution theory* (pp. 285–308). San Francisco: Jossey-Bass.

Carroll, J. S., & Burke, P. A. (1990). Evaluation and prediction in expert parole decisions. *Criminal Justice and Behavior, 17,* 315–332.

Christensen, A., & Jacobson, N. S. (2000). *Reconcilable differences.* New York: Guilford.

Clinton, W. J. (1995). The President's radio address: January 1, 1994. In *Public papers of the Presidents of the United States: William J. Clinton, 1994, Book 1* (pp. 1–2). Washington, DC: U.S. Government Printing Office.

Clinton, W. J. (1996). Address before a joint session of the Congress on the state of the Union: January 24, 1995 (pp. 75–86). In *Public Papers of the Presidents of the United States: William J. Clinton, 1995, Book 1* (pp. 75–86). Washington, DC: U.S. Government Printing Office.

Cody, M., & McLaughlin, M. (1990). Interpersonal accounting. In H. Giles & W. Robinson (Eds), *Handbook of language and social psychology* (pp. 227–255). New York: Wiley.

Cook, T. D., Cooper, H. M., Cordray, T. S., Hartmann, H., Hedges, L. V., Light, R. J., Louis, T. A., & Mosteller, F. (Eds.). (1992). *Meta-analysis for explanation: A casebook.* New York: Russell Sage Foundation.

Cooper, E. T. (1984). A pilot study of the effects of the diagnosis of lung cancer on family relationships. *Cancer Nursing, 7,* 301–308.

Covington, M. (1992). *Making the grade: A self-worth perspective on motivation and school reform.* New York: Cambridge University Press.

Crandall, C. S. (1995). Do parents discriminate against their own heavyweight daughters? *Personality and Social Psychology Bulletin, 21,* 724–735.

Crandall, C. S., & Martinez, R. (1996). Culture, ideology, and anti-fat attitudes. *Personality and Social Psychology Bulletin, 22,* 1165–1176.

Crick, N., & Dodge, K. (1994). A review and reformulation of social information-processing mechanisms in children's social adjustment. *Psychological Bulletin, 115,* 74–101.
Crick, N., & Ladd, G. (1990). Children's perceptions of the outcomes of social strategies: Do the ends justify the means? *Developmental Psychology, 26,* 612–620.
Crocker, J., & Major, B. (1989). Social stigma and self-esteem: The self-protective properties of stigma. *Psychological Review, 96,* 608–630.
Dagnan, D., Trower, P., & Smith, R. (1998). Care staff responses to people with learning disabilities and challenging behavior: A cognitive-emotional analysis. *British Journal of Clinical Psychology, 37,* 59–68.
Darley, J. M., & Pittman, T. S. (2003). The psychology of compensatory and retributive justice. *Personality and Social Psychology Review, 7,* 324–336.
Deci, E. L. (1975). *Intrinsic motivation.* New York: Plenum.
Dijker, A. J., & Kooman, W. (2003). Extending Weiner's attribution-emotion model of stigmatization of ill persons. *Basic and Applied Social Psychology, 25,* 51–68.
Dillon, K. M. (1998). Reasons for missing class. *Psychological Reports, 83,* 435–441.
Dodge, K. A. (1980). Social cognition and children's aggressive behavior. *Child Development, 51,* 162–170.
Dodge, K. A., & Crick, N. (1990). Social information-processing biases of aggressive behavior in children. *Personality and Social Psychology Bulletin, 16,* 8–22.
Dwyer, S. (2003). Moral development and moral responsibility. *The Monist, 86,* 181–199.
Dyck, R. J., & Rule, B. G. (1978). Effect on retaliation of causal attributions concerning attack. *Journal of Personality and Social Psychology, 36,* 521–529.
Eagly, A. H., & Crowley, M. (1986). Gender and helping behavior: A meta-analytic review of the social psychological literature. *Psychological Bulletin, 100,* 283–308.
Eisenberg, N. (1986). *Altruistic emotion, cognition, and behavior.* Hillsdale, NJ: Lawrence Erlbaum Associates.
Ellsworth, P. C., & Gross, S. R. (1994). Hardening of the attitudes: Americans' views of the death penalty. *Journal of Social Issues, 50,* 19–52.
Emmons, R. A., & McCullough, M. E. (2003). Counting blessings versus burdens: An experimental investigation of gratitude and subjective well-being in daily life. *Journal of Personality and Social Psychology, 84,* 377–389.
Enzle, M. E., & Shopflocher, D. (1978). Instigation of attribution processes by attribution questions. *Personality and Social Psychology Bulletin, 4,* 595–599.
Epstein, S., & Taylor, S. P. (1967). Instigation to aggression as a function of degree of defeat and perceived aggressive intent of the opponent. *Journal of Personality, 35,* 265–289.
Eysenck, H. (1993). Creativity and personality: An attempt to bridge divergent traditions. *Psychological Inquiry, 4,* 238–246.
Farwell, L., & Weiner, B. (1996). Self-perception of fairness in individual and group contexts. *Personality and Social Psychology Bulletin, 22,* 867–881.
Farwell, L., & Weiner, B. (2000). Bleeding hearts and the heartless: Popular perceptions of liberal and conservative ideologies. *Personality and Social Psychology Bulletin, 26,* 845–852.
Feagin, J. (1972). Poverty: We still believe that God helps those who help themselves. *Psychology Today,* 6, 101–129.
Feather, N. T. (1974). Explanations of poverty in Australian and American samples: The person, society, or fate? *Australian Journal of Psychology, 26,* 199–216.

Feather, N. T. (1985). Attitudes, values, and attributions: Explanations of unemployment. *Journal of Personality and Social Psychology, 48*, 876–889.
Feather, N. T. (1989). Attitudes toward the high achiever: The fall of the tall poppy. *Australian Journal of Psychology, 41*, 239–267.
Feather, N. T. (1991). Attitudes toward the high achiever: Effects of perceiver's own level of competence. *Journal of Psychology, 43*, 121–124.
Feather, N. T. (1996). Reactions to penalties for an offense in relation to authoritarianism, values, perceived responsibility, perceived seriousness, and deservingness. *Journal of Personality and Social Psychology, 71*, 571–587.
Feather, N. T. (1999). *Values, achievement, and justice*. New York: Kluwer Academic.
Feather, N. T., Boeckmann, R. J., & McKee, I. R. (2001). Jail sentence, community service, or compensation? Predicting reactions to a serious corporate offence. *Australian Journal of Psychology, 53*, 92–102.
Festinger, L. (1980). Looking back. In L. Festinger (Ed.), *Retrospections on social psychology* (pp. 236–254). New York: Holt, Rinehart & Winston.
Fiendler, E., & Becker, J. (1994). Interventions in family violence involving children and adolescents. In L. Eron, J. Gentry, & P. Schlegel (Eds.), *Reasons to hope: A psychosocial perspective on violence and youth* (pp. 405–433). Washington, DC: American Psychological Association.
Fincham, D. F. (2000). The kiss of the porcupines: From attributing responsibility to forgiving. *Personal Relationships. 7*, 1–23.
Fincham, D. F. (2002). Forgiveness in marriage: The role of relationship quality, attributions, and empathy. *Personal Relationships, 9*, 27–37.
Fincham, F. D., & Jaspers, J. M. (1980). Attribution of responsibility: From man the scientist to man as lawyer. In L. Berkowitz (Ed.), *Advances in experimental social psychology* (Vol. 13, pp. 82–139). New York: Academic Press.
Folkes, V. S. (1984). Consumer reactions to product failure: An attributional approach. *Journal of Consumer Research, 10*, 398–409.
Forsterling, F., & Rudolph, U. (1988). Situations, attributions, and evaluation of reactions. *Journal of Personality and Social Psychology, 54*, 225–232.
Frankfurt, H. G. (1988). *The importance of what we care about: Philosophical essays*. Cambridge, England: Cambridge University Press.
French, J. R., Jr., & Raven, B. H. (1959). The bases of social power. In D. Cartwright (Ed.), *Studies in social psychology* (pp. 150–167). Ann Arbor, MI: Institute for Social Research.
Freud, S. (1948). Instincts and their vicissitudes. In *Collected papers* (Vol. 4). London: Hogard Press and the Institute of Psychoanalysis. (Original work published 1915)
Freud, S. (1959). The question of lay analysis: Conversations with an impartial person. In L. Strachey (Ed.), *The standard edition of the complete psychological works of Sigmund Freud* (Vol. 20, pp. 177–258). London: Hogarth. (Original work published 1926)
Frijda, N. H. (1986). *The emotions*. Cambridge, England: Cambridge University Press.
Frijda, N. H., Kuipers, P., & Ter Schure, E. (1989). Relations among emotion, appraisal, and emotional action readiness. *Journal of Personality and Social Psychology, 57*, 212–228.
Gawronski, B. (2003). Implicational schemata and the correspondence bias: On the diagnostic value of situationally constrained behavior. *Journal of Personality and Social Psychology, 84*, 1154–1171.
George, D. M. (1997). *An attribution–affect–efficacy model of helping behavior.* Unpublished manuscript, University of California, Los Angeles.

George, D. M., Carroll, P., Kersnick, R., & Calderon, K. (1998). Gender-related patterns of helping among friends. *Psychology of Women Quarterly, 22,* 685–704.

George, D. M., Harris, S., & Price, I. (1998). *Determinants of helping behavior: An attributional perspective.* Unpublished manuscript, University of California, Los Angeles.

Gerber, J., & Engelhardt-Greer, S. (1996). Just and painful: Attitudes toward sentencing criminals. In T. Flanagan & D. Longmire (Eds.), *Americans view crime and justice.* Thousand Oaks, CA: Sage.

Gert, B. (1988). *Morality: A new justification of moral rules.* New York: Oxford University Press.

Goffman, E. (1971). *Relations in public: Micro studies of the public order.* New York: Basic.

Gold, J. G., & Weiner, B. (2000). Remorse, confession, group identity, and expectancies about repeating a transgression. *Basic and Applied Social Psychology, 22,* 291–300.

Golub, J. (1984). *Abusive and nonabusive parents' perceptions of their children's behavior: An attributional analysis.* Unpublished doctoral dissertation, University of California, Los Angeles.

Graham, S. (1984). Communicated sympathy and anger to black and white children: The cognitive (attributional) consequences of affective cues. *Journal of Personality and Social Psychology, 47,* 40–54.

Graham, S. (1990). Communicating low ability in the classroom: Bad things good teachers sometimes do. In S. Graham & V. S. Folkes (Eds.), *Attribution theory: Applications to achievement, mental health, and interpersonal conflict* (pp. 17–36). Hillsdale, NJ: Lawrence Erlbaum Associates.

Graham, S., & Barker, G. (1990). The downside of help: An attributional–developmental analysis of helping behavior as a low ability cue. *Journal of Educational Psychology, 82,* 7–14.

Graham, S., & Hoehn, S. (1995). Children's understanding of aggression and withdrawal as social stigmas: An attributional analysis. *Child Development, 66,* 1143–1161.

Graham, S., & Hudley, C. (1991). An attributional approach to aggression in African-American children. In D. Schunk & J. Meece (Eds.), *Student perceptions in the classroom: Causes and consequences* (pp. 75–94). Hillsdale, NJ: Lawrence Erlbaum Associates.

Graham, S., & Hudley, C. (1994). Attributions of aggressive and nonaggressive African-American male early adolescents: A study of construct accessibility. *Developmental Psychology, 30,* 365–373.

Graham, S., Hudley, C., & Williams, E. (1992). Attributional and emotional determinants of aggression among African-American and Latino young adolescents. *Developmental Psychology, 28,* 731–740.

Graham, S., & Weiner, B. (1991). Testing judgments about attribution-emotion-act linkages: A lifespan approach. *Social Cognition, 9,* 254–276.

Graham, S., Weiner, B., & Benesh-Weiner, M. (1995). An attributional analysis of the development of excuse giving in aggressive and nonaggressive African-American boys. *Developmental Psychology, 31,* 274–284.

Graham, S., Weiner, B., Cobb, M., & Henderson, T. (2001). An attributional analysis of child abuse among low-income African American mothers. *Journal of Social and Clinical Psychology, 20,* 233–257.

Graham, S., Weiner, B., & Zucker, G. S. (1997). An attributional analysis of punishment goals and public reactions to O. J. Simpson. *Personality and Social Psychology Bulletin, 23,* 331–346.

Greitemeyer, T., & Rudolph, U. (2003). Help giving and aggression from an attributional perspective: Why and when we help or retaliate. *Journal of Applied Social Psychology, 3,* 1058–1068.

Greitemeyer, T., Rudolph, U., & Weiner, B. (2003). Whom would you rather help: An acquaintance not responsible for her plight or a responsible sibling? *Journal of Social Psychology, 14,* 331–340.

Greitemeyer, T., & Weiner, B. (2003). The asymmetrical consequences of reward and punishment on attributional judgments. *Personality and Social Psychology Bulletin, 29,* 1371–1382,

Guralnik, D. B. (1971). Webster's *New World Dictionary.* Nashville, TN: Southwestern Co.

Hareli, S., & Weiner, B. (2000). Accounts for success as determinants of perceived arrogance and modesty. *Motivation and Emotion, 24,* 215–236.

Hareli, S., & Weiner, B. (2002). Dislike and envy as antecedents of pleasure at another's misfortune. *Motivation and Emotion, 26,* 257–277.

Hareli, S., Weiner, B., & Yee, J. (2004). *Honesty doesn't always pay—The role of honesty accounts for success in inferences of modesty and arrogance.* Unpublished manuscript, University of California, Los Angeles.

Hart, H. L. A., & Honoré, A. M. (1959). *Causation in the law.* Oxford: Clarendon Press.

Hartup, W. W. (1983). Peer relations. In E. W. Hetherington (Ed.), *Handbook of child psychology* (Vol. 4, pp. 104–196). New York: Wiley.

Haslam, N. (2003). Folk psychiatry: Lay thinking about mental disorder. *Social Research, 7,* 621–644.

Heider, F. (1958). *The psychology of interpersonal relations.* New York: Wiley.

Henderson, M., & Hewstone, M. R. (1984). Prison inmate's explanations for interpersonal violence: Accounts and attributions. *Journal of Consulting and Clinical Psychology, 52,* 789–794.

Henry, P. J., Reyna, C., & Weiner, B. (2004). Hate welfare but help the poor: How the attributional content of stereotypes explains the paradox of reactions to the destitute in America. *Journal of Applied Social Psychology, 34,* 34–58.

Higgins, N. C., & Watson, C. E. (1995). *Negative life experiences predict attributional and emotional determinants of aggression.* Paper presented at the annual meeting of the American Association for the Advancement of Science, Pacific Division. University of British Columbia, Vancouver, Canada.

Ho, R., & Venus, M. (1995). Reactions to a battered woman who kills her abusive spouse: An attributional analysis. *Australian Journal of Psychology, 47,* 153–159.

Holtgraves, T. (1989). The function and form of remedial moves: Reported use, psychological reality and perceived effectiveness. *Journal of Language and Social Psychology, 14,* 363–378.

Hooley, J. M. (1985). Expressed emotion: A review of the critical literature. *Clinical Psychology Review, 5,* 119–139.

Hooley, J. M. (1987). The nature and origins of expressed emotion. In K. Hahlweg & M. J. Goldstein (Eds.), *Understanding major mental disorder: The contribution of family interaction research* (pp. 176–194). New York: Family Process Press.

Hudley, C. (1991). *An attribution retraining program to reduce peer-directed aggression among African-American male elementary students.* Unpublished doctoral dissertation, University of California, Los Angeles.

Hudley, C., & Graham, S. (1993). An attributional intervention to reduce peer-directed aggression among African American boys. *Child Development, 64,* 124–138.

Hull, C. L. (1943). *Principles of behavior.* New York: Appleton-Century-Crofts.
Ickes, W. (1996). On the deep structure of attribution-affect-behavior sequences. *Psychological Inquiry, 7,* 236–240.
Izard, C. E. (1977). *Human emotions.* New York: Plenum.
Johnson, T. E., & Rule, B. G. (1986). Mitigating circumstance information, censure, and aggression. *Journal of Personality and Social Psychology, 50,* 537–542.
Jones, E. E., & Davis, K. E. (1965). From acts to dispositions: The attribution process in person perception. In L. Berkowitz (Ed.), *Advances in experimental social psychology* (Vol. 2, pp. 219–266). New York: Academic.
Jones, E. E., Davis, K. E., & Gergen, K. J. (1961). Role playing variations and their informational value for person perception. *Journal of Abnormal and Social Psychology, 63,* 302–310.
Jones, E. E., Farina, A., Hastorf, A. H., Markus, H., Miller, D. T., & Scott, R. A. (1984). *Social stigma.* San Francisco: Freeman.
Jung, C. G. (1933). *Modern man in search of a soul.* New York: Harvest Books.
Juvonen, J. (1991). Deviance, perceived responsibility, and negative peer reactions. *Developmental Psychology, 27,* 672–681.
Juvonen, J. (2000). The social functions of attributional face-saving tactics among early adolescents. *Educational Psychology Review, 12,* 15–32.
Juvonen, J., & Murdock, T. B. (1993). How to promote social approval: The effects of audience and outcome on publicly communicated attributions. *Journal of Educational Psychology, 85,* 672–681.
Kahneman, D., & Tversky, A. (1979). Prospect theory: An analysis of decision underrisk. *Econometrical, 47,* 263–291.
Karasawa, K. (1991). The effects of onset and offset responsibility on affects and helping judgments. *Journal of Applied Social Psychology, 21,* 482–499.
Karney, B. R., & Bradbury, T. N. (2000). Attributions in marriage: State or trait? A growth curve analysis. *Journal of Personality and Social Psychology, 78,* 295–309.
Katz, L. (1987). *Bad acts and guilty minds.* Chicago: University of Chicago Press.
Kelley, H. H. (1967). Attribution theory in social psychology. In D. Levine (Ed.), *Nebraska symposium on motivation* (Vol. 15, pp. 192–238). Lincoln: University of Nebraska Press.
Kelley, H. H. (1992). Common-sense psychology and scientific psychology. *Annual Review of Psychology, 43,* 1–23.
Kelly, G. A. (1955). *The psychology of personal constructs.* New York: Norton.
Kim, S., & Shanahan, J. (2003). Stigmatizing smokers: Public sentiment toward cigarette smoking and its relationship to smoking behaviors. *Journal of Health Communications, 8,* 343–367.
Klein, R. J., Newman, I., Weis, D. M., & Bobner, R. F. (1982). The Continuum of Criminal Offenses instrument: Further development and modification of Selling and Wolfgang's original criminal index. *Journal of Offender Counseling, Services and Rehabilitation, 7,* 33–53.
Kleinke, C. L., Wallis, R., & Stadler, K. (1992). Evaluation of a rapist as a function of expressed intent and remorse. *Journal of Social Psychology, 132,* 525–537.
Kluegel, J. R. (1990). Trends in Whites explanations of the Black–White gap in socioeconomic status, 1977–1989. *American Sociological Review, 55,* 512–525.
Kluegel, J. R., & Smith, E. R. (1986). *Beliefs about inequality.* New York: Aldine.
Kojima, M. (1992). An analysis of attributional processes in helping behavior. *Bulletin of the Tamagawa Guken Junior College for Women, 17,* 57–83.

Kun, A., & Weiner, B. (1973). Necessary versus sufficient causal schemata for success and failure. *Journal of Research in Personality, 7,* 197–207.

LaFave, F. W., & Scott, A. W., Jr. (1986). *Criminal law* (2nd ed.). St. Paul, MN: West.

Lakoff, G. (1996). *Moral politics: What conservatives know that liberals don't.* Chicago: University of Chicago Press.

Lane, R. (1962). *Political ideology: Why the American common man believes what he does.* New York: Macmillan.

Lee, F., & Robinson, R. (2000). An attributional analysis of social accounts: Implications of playing the blame game. *Journal of Applied Social Psychology, 30,* 1853–1879.

Lerner, J. S., Goldberg, J. H., & Tetlock, P. E. (1998). Sober second thoughts: The effects of accountability, anger, and authoritarianism on attributions of responsibility. *Personality and Social Psychology Bulletin, 24,* 563–574.

Lerner, M. J. (2003). The justice motive: Where social psychologists found it, how they lost it, and why they may not find it again. *Personality and Social Psychology Review, 7,* 388–399.

Lerner, M. J., & Miller, D. T. (1978). Just world research and the attribution process: Looking back and ahead. *Psychological Bulletin, 85,* 1030–1051.

Lewin, K. (1935). *A dynamic theory of personality.* New York: McGraw-Hill.

Lewin, K. (1938). *The conceptual representation and the measurement of psychological forces.* Durham, NC: Duke University Press.

Lopez, S. R., Nelson, K. A., Snyder, K. S., & Mintz, J. (1999). Attributions and affective reactions of family members and the course of schizophrenia. *Journal of Abnormal Psychology, 108,* 307–314.

MacGeorge, E. L. (2003). Gender differences in attributions and emotions. *Sex Roles, 48,* 175–182.

Major, B., Kaiser, C. R., & McCoy, S. K. (2003). It's not my fault: When and why attributions to prejudice protect self-esteem. *Personality and Social Psychology, 29,* 772–781.

Malle, B. F. (1999). How people explain behavior: A new theoretical framework. *Personality and Social Psychology Review, 3,* 23–48.

Malle, B. F. (2004). *How the mind explains behavior: Folk explanations, meaning, and social interaction.* Cambridge, MA: MIT Press.

Malle, B. F., & Knobe, J. (1997). The folk concept of intentionality. *Journal of Experimental Social Psychology, 33,* 101–121.

Malle, B. F., Knobe, J., O'Laughlin, M. J., Pearce, G. E., & Nelson, S. E. (2000). Conceptual structure and social functions of behavior explanations: Beyond person–situation attributions. *Journal of Personality and Social Psychology, 79,* 309–326.

Margolin, G., & Weiss, R. L. (1978). Comparative evaluation of therapeutic components associated with behavioral marital treatments. *Journal of Consulting and Clinical Psychology, 46,* 1476–1484.

Matsui, T., & Matsuda, Y. (1992). *Testing for the robustness of Weiner's attribution-affect model of helping judgments for exogenous impact.* Unpublished manuscript, Rikkyo University, Tokyo, Japan.

McCullough, M. E. (2000). Forgiveness as human strength: Theory, measurement, and links to well-being. *Journal of Social and Clinical Psychology, 1,* 43–55.

McLaughlin, M. L., Cody, M. J., & O'Hair, H. D. (1983). The management of failure events: Some contextual determinants of accounting behavior. *Human Communication Research, 9,* 208–224.

Menec, V. H., & Perry, R. P. (1995). Reactions to stigmas: The effects of target's age and controllability of stigmas. *Journal of Aging and Health, 7,* 365–383.

Menec, V. H., & Perry, R. P. (1998). Reactions to stigmas among Canadien students: testing an attribution-affect-help judgment model. *Journal of Social Psychology, 138,* 443–454.

Meyer, J. P., & Mulherin, A. (1980). From attribution to helping: An analysis of the mediating effects of affect and expectancy. *Journal of Personality and Social Psychology, 39,* 201–210.

Meyer, W., Bachmann, M., Biermann, U., Hempelmann, M., Ploeger, F., & Spiller, H. (1979). The informational value of evaluative behavior: Influence of praise and blame on perceptions of ability. *Journal of Educational Psychology, 71,* 259–268.

Mikulincer, M., Bizman, A., & Aizenberg, R. (1989). An attributional analysis of social-comparison jealousy. *Motivation and Emotion, 13,* 235–258.

Milner, J. S. (1993). Social information processing and physical child abuse. *Clinical Psychology Review, 13,* 275–294.

Milner, J. S., & Foody, R. (1994). The impact of mitigating information on attributions for positive and negative child behavior by adults at low and high risk for child-abusive behavior. *Journal of Social and Clinical Psychology, 13,* 335–351.

Moore, M. (1987). The moral worth of retribution. In F. Schoeman (Ed.), *Responsibility, character, and the emotions* (pp. 179–219). New York: Cambridge University Press.

Morse, S. J. (1978). Crazy behavior, morals, and science: An analysis of mental health law. *Southern California Law Review, 51,* 527–654.

Morse, S. J. (1985). Excusing the crazy: The insanity defense reconsidered. *Southern California Law Review, 58,* 777–837.

Murphy, J. G., & Coleman, L. J. (1990). *Philosophy of law: An introduction to jurisprudence.* Boulder, CO: Westview Press.

National Research Council. (1993). *Understanding child abuse and neglect.* Washington, DC: National Academy Press.

Neff, J. A., & Husaini, B. A. (1985). Lay images of mental health: Social knowledge and tolerance of the mentally ill. *Journal of Community Psychology, 13,* 3–12.

Neff, L. A., & Karney, B. R. (2004). How does context affect intimate relationships? Linking external stress and cognitive processes within marriage. *Personality and Social Psychology Bulletin, 30,* 134–148.

Nickel, T. W. (1974). The attribution of intention as a critical factor in the relation between frustration and aggression. *Journal of Personality, 42,* 484–492.

Nozick, R. (1981). *Philosophical explanations.* Cambridge, MA: Harvard University Press.

Ohbuchi, K., Agarie, N., & Kameda, M. (1989). Apology as aggression control: Its role in mediating appraisal of and response to harm. *Journal of Social Psychology, 134,* 5–17.

Orth, U. (2003). Punishment goals of crime victims. *Law and Human Behavior, 27,* 173–186.

Ortony, A., Clore, G. L., & Collins, A. (1988). *The cognitive structure of emotions.* Cambridge, England: Cambridge University Press.

Overholser, J. C., & Moll, S. H. (1990). Who's to blame: Attributions regarding causality in spouse abuse. *Behavioral Sciences and the Law, 8,* 107–120.

Pandey, J., Sinha, Y., Prakash, A., & Tripathi, R. C. (1982). Right–left political ideologies and attribution of the causes of poverty. *European Journal of Social Psychology, 12,* 327–331.

Peterson, C. (1991). The meaning and measurement of explanatory style. *Psychological Inquiry, 2,* 1–10.

Petrucci, J. C. (2002). Apology in the criminal justice setting: Evidence for including apology as an additional component in the legal system. *Behavioral Sciences and the Law, 20,* 337–362.

Pintrich, P. R., & Schunk, D. H. (2002). *Motivation in education.* Englewood Cliffs, NJ: Prentice Hall.

Pitschel-Waltz, G., Leucht, S., Bauml, J., Kissling, W., & Engel, R. R. (2001). The effect of family interventions on relapse and rehospitalization in schizophrenia—meta-analysis. *Schizophrenia Bulletin, 27,* 73–92.

Rabiner, D., & Gordon, L. (1993). The relation between children's social concerns and their social interaction strategies: Differences between rejected and accepted boys. *Social Development, 2,* 83–95.

Raven, B. H. (1965). Social influence and power. In I. D. Steiner & M. Fishbein (Eds.), *Current studies in social psychology* (pp. 371–381). New York: Holt.

Rawls, J. (1955). Concepts of rules. *Philosophical Review, 64,* 4–5.

Reeder, G. L., & Spores, J. M. (1983). The attribution of morality. *Journal of Personality and Social Psychology, 44,* 736–745.

Reisenzein, R. (1986). A structural equation analysis of Weiner's attribution–affect model of helping behavior. *Journal of Personality and Social Psychology, 50,* 1123–1133.

Reisenzein, R., & Hoffman, T. (1990). An investigation of the dimensions of cognitive appraisal in emotion using the repertory grid technique. *Motivation and Emotion, 14,* 1–26.

Reyna, C., & Weiner, B. (2001). Justice and utility in the classroom: An attributional analysis of the goals of teachers' punishment and intervention strategies. *Journal of Educational Psychology, 93,* 309–319.

Richardson, S. A., Hastorf, A. H., Goodman, N., & Dornbusch, S. M. (1961). Cultural uniformity in reaction to physical disabilities. *American Sociological Review, 26,* 241–247.

Roberts, J., & Stalans, L. (1997). *Public opinion, crime, and criminal justice.* Boulder, CO: Westview Press.

Robinson, P. H., & Darley, J. M. (1995). *Justice, liability, & blame: Community views of the criminal law.* Boulder, CO: Westview Press.

Rodrigues, A. (1995). Attribution and social influence. *Journal of Applied Social Psychology, 25,* 1567–1577.

Rodrigues, A., & Lloyd, K. L. (1998). Reexamining bases of power from an attributional perspective. *Journal of Applied Social Psychology, 28,* 973–997.

Roseman, I. (1991). Appraisal determinants of discrete emotions. *Cognition and Emotion, 5,* 161–200.

Rosenberg, M., & Reppucci, D. (1983). Abusive mothers: Perceptions of their own and their children's behavior. *Journal of Consulting and Clinical Psychology, 51,* 647–682.

Rosenfeld, P., Giacalone, R. A., & Riordan, C. A. (1995). *Impression management inorganizations: Theory, measurement, practice.* New York: Routledge.

Rotter, J. B. (1954). *Social learning and clinical psychology.* Englewood Cliffs, NJ: Prentice-Hall.

Rotter, J. B. (1966). Generalized expectancies for internal versus external control of reinforcement. *Psychological Monograph, 80*(1, Whole No. 609).

Rozin, P., Lowery, L., Imada, S., & Haidt, J. (1999). The CAD Triad Hypothesis: A mapping between three moral emotions (contempt, anger, disgust) and three moral codes (community, autonomy, divinity). *Journal of Personality and Social Psychology, 76,* 574–586.

Rudolph, U., & Greitemeyer, T. (2001). *Autobiographical recollections of pro- and anti-social behavior: Evidence for Weiner's theory of responsibility.* Unpublished manuscript, University of Chemnitz, Germany.

Rudolph, U., Roesch, S. C., Greitemeyer, T., & Weiner, B. (2004). A meta-analytic review of help giving and aggression from an attributional perspective. *Cognition and Emotion, 18,* 815–848.

Scher, S. J., & Darley, J. M (1997). How effective are the things people say to apologize? Effects of the realization of the apology speech act. *Journal of Psycholinguistic Research, 26,* 127–140.

Schlenker, B. R. (1975). Group members' attributions of responsibility for prior group performance. *Representative Research in Social Psychology, 6,* 96–108.

Schlenker, B. R. (1980). *Impression management.* Monterey, CA: Brooks/Cole.

Schlenker, B. R. (1982). Translating actions into attitudes: An identity-analytic approach to the explanation of social conduct. In L. Berkowitz (Ed.), *Advances in Experimental Social Psychology* (pp. 1930–1947). New York: Academic.

Schlenker, B. R. (1997). Personal responsibility: Applications of the triangle mode. In L. Cummings & B. Staw (Eds.), *Research in Organizational Behavior,* 241–301.

Schlenker, B. R., & Leary, M. R. (1982). Audiences' reactions to self-enhancing, self-denigrating, and accurate self presentations. *Journal of Experimental Social Psychology, 18,* 89–104.

Schlenker, B., Pontari, B., & Christopher, A. (2001). Excuses and character: Personal and social implications of excuses. *Personality and Social Psychology Review, 5,* 15–32.

Schmidt, G., & Weiner, B. (1988). An attribution–affect–action theory of behavior: Replications of judgments of help giving. *Personality and Social Psychology Bulletin, 14,* 610–621.

Scott, M. B., & Lyman, S. M. (1968). Accounts. *American Sociological Review, 5,* 46–62.

Scully, D., & Marolla, J. (1984). Convicted rapist' vocabulary of motive: Excuses and justifications. *Social Problems, 31,* 530–544.

Shadish, W. R. (1996). Meta-analysis and the exploration of causal mediating processes: A primer of examples, methods, and issues. *Psychological Methods, 1,* 47–65.

Sharrock, R., Day, A., Qazi, F., & Brewin, C. (1990). Explanation by professional care staff, optimism and helping behavior: An application of attribution theory. *Psychological Medicine, 20,* 849–855.

Shaver, K. G. (1985). *The attribution of blame: Causality, responsibility, and blameworthiness.* New York: Springer-Verlag.

Sigelman, C. K., & Begley, N. L. (1987). The early development of reactions to peers with controllable and uncontrollable problems. *Journal of Pediatric Psychology, 12,* 99–115.

Skitka, L. J. (1999). Ideological and attributional boundaries on public compassion: Reactions to individuals and communities affected by a natural disaster. *Personality and Social Psychology Bulletin, 25,* 793–808.

Skitka, L. J., Mullen, E., Griffin, T., Hutchinson, S., & Chamberlin, B. (2002). Dispositions, scripts or motivated correction? Understanding ideological differences in explanations for social problems. *Journal of Personality and Social Psychology, 83,* 470–487.

Skitka, L. J., & Tetlock, P. E. (1993a). On ants and grasshoppers: The political psychology of allocating public assistance. In B. Mellers & J. Baron (Eds.), *Psychological perspectives on justice* (pp. 205–233). New York: Cambridge University Press.

Skitka, L. J., & Tetlock, P. E. (1993b). Providing public assistance: Cognitive and motivational processes underlying liberal and conservative policy preferences. *Journal of Personality and Social Psychology, 65,* 1205–1223.

Smith, R., Parrott, W., Diener, E., Hoyle, R., & Kim, S. H. (1999). Dispositional envy. *Personality and Social Psychology Bulletin, 25,* 1007–1020.

Sniderman, P. M., Piazza, T., Tetlock, P. E., & Kendrick, A. (1991). The new racism. *American Journal of Political Science, 35,* 423–447.

Sniderman, P. M., & Tetlock, P. E. (1986). Interrelationships of political ideology and public opinion. In M. Hermann (Ed.), *Handbook of political psychology* (2nd ed., pp. 62–96). San Francisco, CA: Jossey-Bass.

Snyder, C. R., Higgins, R. L., & Stucky, R. J. (1983). *Excuses: Masquerades in search of grace.* New York, NY: Wiley/Interscience.

Spence, K. W. (1956). *Behavior theory and conditioning.* New Haven, CT: Yale University Press.

Spinetta, J., & Rigler, D. (1972). The child-abusing parent: A psychological review. *Psychological Bulletin, 77,* 296–304.

Steins, G., & Weiner, B. (1999). The influence of perceived responsibility and personality characteristics on the emotional and behavioral reactions to persons with AIDS. *Journal of Applied Social Psychology, 139,* 487–495.

Stiensmeyer-Pelster, J., & Gerlach, H. (1997). Aggressive behavior among children and adolescents from an attribution theoretical point of view. [Aggressives Verhalten bei Kindern und Jugendlichen aus attributionstheoretischer Sicht]. *German Journal of Educational Psychology, 11,* 203–209.

Strickland, L. H. (1958). Surveillance and trust. *Journal of Personality, 26,* 200–215.

Sunmola, A. (1994). Perceived controllability, affective reactions of sympathy and anger as determinants of subjects' tendency to offer help to government. *IFE-Psychologia: An International Journal, 2,* 113–122.

Takaku, S. (2000). Culture and status as influences on account giving: A comparison between the United States and Japan. *Journal of Applied Social Psychology, 30,* 371–388.

Tangney, J. P., & Fischer, K. W. (1995). *Self-conscious emotions.* New York: Guilford.

Tedeschi, J. T., & Riess, M. (1981). Verbal tactics of impression management. In C. Antaki (Ed.), *Ordinary language explanations of social behavior* (pp. 3–22). London: Academic.

Tesser, A., & Beach, S. R. H. (1998). Life events, relationship quality, and depression: An investigation of judgment discontinuity in vivo. *Journal of Personality and Social Psychology, 74,* 36–52.

Tesser, A., Gatewood, R., & Driver, M. (1968). Some determinants of gratitude. *Journal of Personality and Social Psychology, 9,* 233–236.

Thompson, S. C., Medvene, L. J., & Freedman, D. (1995). Care-giving in the close relationships of cardiac patients: Exchange, power, and attributional perspectives on caregiver resentment. *Personal Relationships, 2,* 125–142.

Thorndike, E. L. (1911). *Animal intelligence.* New York: Macmillan.

Tollefson, N., Hsia, S., & Townsend, J. (1991). Teachers' perceptions of students' excuses for academic difficulties. *Psychology in the Schools, 28,* 146–155.

Tsang, J., & McCullough, M. E. (2004). Annotated bibliography of research on gratitude. In R. A. Emmons & M. E. McCullough (Eds.), *The psychology of gratitude* (pp. 291–341). New York: Oxford University Press.

Turillo, C. J., Folger, R., Lavelle, J. J., Umphress, E. E., & Gee, J. O. (2002). Is virtue its own reward? Self-sacrificial decisions for the sake of fairness. *Organizational Behavior and Human Decision Processes, 89,* 839–865.

Tversky, A., & Kahneman, D. (1992). Advances in prospect theory: Cumulative representation of uncertainty. *Journal of Risk and Uncertainty, 5,* 297–323.

Twentyman, C., & Plotkin, R. (1982). Unrealistic expectations of parents who maltreat their children: An educational deficit that pertains to child development. *Journal of Clinical Psychology, 38*, 497–503.

Vala, J., Monteiro, M., & Leyens, J. P. (1988). Perception of observer's ideology and actor's group membership. *British Journal of Social Psychology, 27*, 231–237.

Van Dijk, W. W., & Zeelenberg, M. (2002). Investigating the appraisal patterns of regret and disappointment. *Motivation and Emotion, 26*, 321–331.

Van Dijk, W. W., Zeelenberg, M., & van der Pligt, J. (1999). Not having what you want versus having what you don't want: The impact of negative outcome on the experience of disappointment and related emotions. *Cognition and Emotion, 13*, 129–148.

Van Overwalle, F., Mervielde, I., & DeSchuyter, J. (1995). Structural modeling of the relationships between attributional dimension, emotions, and performance of college freshman. *Cognition and Emotion, 9*, 59–85.

Vidmar, N. (2000). Retribution and revenge. In J. Sanders & V. L. Hamilton (Eds.), *Handbook of justice and research in the law* (pp. 31–63). New York: Kluwer.

Vidmar, N., & Miller, D. (1980). Social psychological processes underlying attitudes toward legal punishment. *Law & Psychology Review, 14*, 565–602.

Waldron, J. (2003). Who is my neighbor? Humanity and proximity. *The Monist, 86*, 333–354.

Watkins, P. C., Woodward, K., Stone, T., & Kolts, R. L. (2003). Gratitude and happiness: Development of a measure of gratitude, and relationships with subjective well-being. *Social Behavior and Personality, 31*, 431–452.

Watson, J. E., & Higgins, N. C. (1999). *A test of Weiner's (1995) responsibility judgment model: Does the judgment target matter?* Unpublished manuscript, University of British Columbia, Vancouver, Canada.

Wearden, A. J., Tarrier, A., Barrowclough, C., Zastowny, T. R., & Rahill, A. A. (2000). A review of expressed emotion research in health care. *Clinical Psychology Review, 20*, 633–666.

Weber, M. (1958). *The Protestant ethic and the spirit of capitalism*. Now York: Scribner's Sons. (Original work published in 1904)

Weiner, B. (1980a). A cognitive (attribution)–emotion–action model of motivated behavior: An analysis of judgments of help giving. *Journal of Personality and Social Psychology, 39*, 186–200.

Weiner, B. (1980b). May I borrow your class-notes? An attributional analysis of judgments of help giving. *Journal of Educational Psychology, 72*, 676–681.

Weiner, B. (1985a). An attributional theory of achievement-related emotion and motivation. *Psychological Review, 29*, 548–573.

Weiner, B. (1985b). "Spontaneous" causal thinking. *Psychological Bulletin, 97*, 74–84.

Weiner, B. (1986). *An attributional theory of motivation and emotion*. New York: Springer-Verlag.

Weiner, B. (1990). Searching for the roots of applied attribution theory. In S. Graham & V. S. Folkes (Eds.), *Attribution theory: Applications to achievement, mental health, and interpersonal conflict* (pp. 1–13). Hillsdale, NJ: Lawrence Erlbaum Associates.

Weiner, B. (1992a). Excuses in everyday interaction. In M. L. McLaughlin, M. J. Cody, & S. R. Reed (Eds.), *Explaining one's self to others* (pp. 131–146). Hillsdale, NJ: Lawrence Erlbaum Associates.

Weiner, B. (1992b). *Human motivation: Metaphors, theories, and research*. Newbury Park, CA: Sage.

Weiner, B. (1995). *Judgments of responsibility: A foundation for a theory of social conduct.* New York: Guilford.

Weiner, B. (2000a). Attribution thoughts about consumer behavior. *Journal of Consumer Research, 27,* 382–387.

Weiner, B. (2000b). Intrapersonal and interpersonal theories of motivation from an attributional perspective. *Educational Psychology Review, 12,* 1–14.

Weiner, B., Amirkhan, J., Folkes, V. S., & Verette, J. A. (1987). An attributional analysis of excuse giving: Studies of a naïve theory of emotion. *Journal of Personality and Social Psychology, 52,* 316–324.

Weiner, B., & Graham, S. (1989). Understanding the motivational role of affect: Life-span research from an attributional perspective. *Cognition and Emotion, 3,* 401–419.

Weiner, B., Graham, S., & Chandler, C. C. (1982). Pity, anger, and guilt: An attributional analysis. *Personality and Social Psychology Bulletin, 8,* 226–232.

Weiner, B., Graham, S., Peter, O., & Zmuidinas, M. (1991). Public confession and forgiveness. *Journal of Personality, 59,* 281–312.

Weiner, B., Graham, S., & Reyna, C. (1997). An attributional examination of retributive versus utilitarian philosophies of punishment. *Social Justice Research, 10,* 431–452.

Weiner, B., Graham, S., Stern, P., & Lawson, M. (1982). Using affective cues to infer causal thoughts. *Developmental Psychology, 18,* 278–286.

Weiner, B., & Kukla, A. (1970). An attribution analysis of achievement motivation. *Journal of Personality and Social Psychology, 15,* 1–20.

Weiner, B., Perry, R. P., & Magnusson, J. (1988). An attributional analysis of reactions to stigmas. *Journal of Personality and Social Psychology, 55,* 738–748.

Weiner, B., & Peter, N. (1973). A cognitive-developmental analysis of achievement and moral judgments. *Developmental Psychology, 9,* 290–309.

Weisman, A. G., & Lopez, S. R. (1996). Family values, religiosity, and emotional reactions to schizophrenia in Mexican and Anglo-American cultures. *Family Process, 35,* 227–237.

Weisman, A., G., Lopez, S. R., Karno, M., & Jenkins, J. (1993). An attributional analysis of expressed emotion in Mexican American families with schizophrenia. *Journal of Abnormal Psychology, 102,* 601–606.

Wells, G. (1980). Asymmetric attributions for compliance: Reward vs. punishment. *Journal of Experimental Social Psychology, 16,* 47–60.

Williams, S. (1984). Left–right ideological differences in blaming victims. *Political Psychology, 5,* 573–581.

Wingrove, J., & Bond, A. J. (1998). Angry reactions to failure on a cooperative computer game: The effect of hostility, behavioral inhibition, and behavioral activation. *Aggressive Behavior, 24,* 27–36.

Wispé, L. (1991). *The psychology of sympathy.* New York: Plenum Press.

Yamauchi, H., & Lee, K. (1999). An attribution–emotion model of helping behavior. *Psychological Reports, 84,* 1073–1074.

Yang, L. H., Phillips, M. R., Licht, D. M., & Hooley, J. M. (2003). *Causal attributions about schizophrenia in families in China: Expressed emotion and patient relapse.* Unpublished manuscript.

Zhang, A. Y., & Siminoff, L. A. (2003). Silence and cancer: Why do families and patients fail to communicate? *Health Communication, 15,* 415–429.

Zimbardo, P. G. (2004). Does psychology make a significant difference in our lives? *American Psychologist, 59,* 339–351.

Zucker, G. S. (1999). Attributional and symbolic predictors of abortion attitudes. *Journal of Applied Social Psychology, 29,* 1218–1256.
Zucker, G. S., & Weiner, B. (1993). Conservatism and perception of poverty: An attributional analysis. *Journal of Applied Social Psychology, 23,* 925–943.
Zumkley, H. (1981). The influence of different kinds of intentionality attributions on aggressive behavior and activation. [Der Einfluß unterschiedlicher Absichtsattributionen auf das Aggressionsverhalten und die Aktivierung.] *Psychologische Beiträge, 23,* 115–128.

主题索引[①]

① 本索引中所标页码为英文版页码，即本书边码。——译者注

译后记

动机研究在心理学研究中居于核心地位。其最广泛的定义在于探明人类与动物为什么能思想与行动，而在不同时期其操作性定义与观察面存在许多不同。韦纳以隐喻区分动机研究的路径：其一是人类动机中的机器隐喻，在生理构想中具有代表性，如弗洛伊德的精神分析理论、洛伦茨的习性学和威尔逊的社会生物学等，以及赫尔的驱力论、勒温的场论和海德的平衡理论等；其二是人类动机中的神的隐喻，包括勒温、阿特金森和罗特的期望价值理论，海德和凯利的归因论，以及韦纳发展出的归因动机论。

韦纳已有三部中文译著问世。第一部是《动机和情绪的归因理论》，于 1989 年出版，以控制点（来源）、稳定性和控制性的三因素分类组合，探索归因与行为和情感相互作用的规律。第二部是《人类动机：比喻、理论和研究》，于 1999 年出版。该书以比喻为切入点，追溯动机研究的演进和缘由，阐释现代的动机研究及其理论，探讨概念为何或沉没于历史，或引领未来。第三部是《责任推断：社会行为的理论基础》，于 2004 年出版。该书基于“生活是法庭”和“人是上帝”的隐喻，关注个人归因与人际归因中的责任推断，并提出一个较为完整的归因动机论框架。

《归因动机论》（本书）是韦纳的第四部中文译著。作为韦纳成熟期的作品，《动机归因论》与以往作品相较，相关的理论建构和经验研究都在全方位地拓展。该书回顾了归因研究领域的不同流派，通过对比彰显归因动机论的独特性与普适性，以隐喻的手法阐释各种社会语境中的情感与行动，形成完整的理论框架，就人类生活中“为什么”与“有什么后果”做出解答。

归因动机论常被贴上素朴理论的标签，读者在阅读过程中也会发现研究的经验观察均与常识相符；但它却又超越了单一事件，以理论原型解释了在表型上不同的各种现象。这种素朴而科学的特质，正是其魅力所在。归因动机论深入广阔的人类动机议题，解蔽多种动机行为与系列情感，为哲学、神学和法律问题贡献洞见，并被应用于各种语境以发挥实践意义。翻译此书，是感悟大家哲思的珍贵体验。

本书得以翻译出版，有许多人需要致谢：感谢85岁高龄的韦纳教授为本书撰写中文版序，感谢方文教授向我介绍这本书并在翻译过程中用心指导与校对，感谢中国人民大学出版社张宏学编辑的辛苦工作。

我是个初出茅庐的译者，虽已尽心尽力，但恐存诸多错误与缺漏，请读者们不吝指正。

周玉婷

当代西方社会心理学名著译丛

《欲望的演化：人类的择偶策略》（最新修订版）

- **著名心理学家戴维·巴斯富有开创性和争议性的经典力作**
- **用进化心理学揭开人类择偶和爱情的神秘面纱**
- **用真实数据赋予读者塑造亲密关系的强大力量**

【美】戴维·巴斯 著
王叶 谭黎 译
ISBN：978-7-300-28329-6
出版时间：2020 年 8 月
定价：79.80 元

《偏见》（第 2 版）

- **著名社会心理学家鲁珀特·布朗关于偏见研究的全新作品**
- **正确理解偏见、积极消除偏见、客观认识世界的不二之选**

【英】鲁珀特·布朗 著
张彦彦 译
ISBN：978-7-300-28793-5
出版时间：2021 年 1 月
定价：98.00 元

《努力的意义：积极的自我理论》

- **全球最大教育奖“一丹教育奖”首位获奖者扛鼎之作**
- **汇集 30 余年自我理论研究之精华，挑战错误的教育观念**
- **帮助下一代充分实现自我潜能，成为比我们更了不起的人**

【美】卡罗尔·德韦克 著
王芳 左世江 等 译
ISBN：978-7-300-28458-3
出版时间：2021 年 3 月
定价：59.90 元

《偏见与沟通》

- **深刻揭示偏见与沟通的开创性著作**
- **全面了解群际接触理论及研究的必读书**

【美】托马斯·佩蒂格鲁，琳达·特罗普 著
林含章 译
ISBN：978-7-300-30022-1
出版时间：2022 年 1 月
定价：79.80 元

《情境中的知识：表征、社群与文化》

- **伦敦政治经济学院社会心理学资深教授约夫切洛维奇扛鼎之作**
- **深入理解知识的社会心理路径的不二之选**

【英】桑德拉·约夫切洛维奇 著
赵蜜 译
ISBN：978-7-300-30024-5
出版时间：2022 年 1 月
定价：68.00 元

《道德之锚：道德与社会行为的调节》

- **斯宾诺莎奖（荷兰最高科学奖）获得者关于道德心理学的最新力作**
- **除非将道德看作一种群体现象，否则我们就无法理解道德**

【荷】娜奥米·埃勒默斯 著
马梁英 译
ISBN：978-7-300-31154-8
出版时间：2023 年 1 月
定价：88.00 元

Social Motivation, Justice, and the Moral Emotions: An Attributional Approach by Bernard Weiner

ISBN: 9780805855265

北京市版权局著作权合同登记号：01－2018－5531

图书在版编目（CIP）数据

归因动机论 / 伯纳德·韦纳（Bernard Weiner）著；周玉婷译；方文校．--北京：中国人民大学出版社，2020．9
（当代西方社会心理学名著译丛）
书名原文：Social Motivation, Justice, and the Moral Emotions
ISBN 978-7-300-28542-9

Ⅰ．①归… Ⅱ．①伯… ②周… ③方… Ⅲ．①归因-研究 Ⅳ．①B848．4

中国版本图书馆 CIP 数据核字（2020）第 171049 号

当代西方社会心理学名著译丛
方文　主编
归因动机论
伯纳德·韦纳　著
周玉婷　译
方文　校
Guiyin Dongjilun

出版发行	中国人民大学出版社		
社　　址	北京中关村大街 31 号	**邮政编码**	100080
电　　话	010－62511242（总编室）		010－62511770（质管部）
	010－82501766（邮购部）		010－62514148（门市部）
	010－62515195（发行公司）		010－62515275（盗版举报）
网　　址	http://www.crup.com.cn		
经　　销	新华书店		
印　　刷	北京昌联印刷有限公司		
开　　本	720 mm×1000 mm　1/16	**版　　次**	2020 年 9 月第 1 版
印　　张	15.25 插页 2	**印　　次**	2023 年 11 月第 2 次印刷
字　　数	218 000	**定　　价**	59.80 元